高等职业教育土建施工类专业系列教材

建筑材料

主　编　王月钱
副主编　刘　勇　杨欢欢　刘近龙

西安交通大学出版社
XI'AN JIAOTONG UNIVERSITY PRESS

内容简介

本书为高等职业教育土建施工类专业教材,根据专业人才培养方案和教学大纲编写而成。全书共分九个模块,分别为绪论、建筑材料的基本性质、砌筑材料、胶凝材料、混凝土、砂浆、建筑钢材、木材、其他建筑功能材料。模块里的每个任务均列出了知识目标、能力目标和素质目标。为了便于学生学习,在多个任务后加了小贴士和思考题。

本书既可以作为高职高专学生土建类专业教材,也可供建筑工程、工程造价等相关专业技术和管理人员学习参考。

图书在版编目(CIP)数据

建筑材料 / 王月钱主编. ——西安:西安交通大学出版社,2024.3
高等职业教育土建施工类专业系列教材
ISBN 978-7-5693-3638-2

Ⅰ.①建… Ⅱ.①王… Ⅲ.①建筑材料-高等职业教育-教材 Ⅳ.①TU5

中国国家版本馆 CIP 数据核字(2024)第 009468 号

JIANZHU CAILIAO

书　　名	建筑材料
主　　编	王月钱
策划编辑	曹　昳
责任编辑	张明玥
责任校对	李　文
封面设计	任加盟
出版发行	西安交通大学出版社 (西安市兴庆南路 1 号　邮政编码 710048)
网　　址	http://www.xjtupress.com
电　　话	(029)82668357　82667874(市场营销中心) (029)82668315(总编办)
传　　真	(029)82668280
印　　刷	西安五星印刷有限公司
开　　本	787mm×1092mm　1/16　印张 9　字数 176 千字
版次印次	2024 年 3 月第 1 版　2024 年 3 月第 1 次印刷
书　　号	ISBN 978-7-5693-3638-2
定　　价	45.80 元

如发现印装质量问题,请与本社市场营销中心联系。

订购热线:(029)82665248　(029)82667874
投稿热线:(029)82668804
读者信箱:phoe@qq.com

版权所有　侵权必究

编委会

主　编　王月钱

主　审　韩喜春　杜衍庆

副主编　刘　勇　杨欢欢　刘近龙

参　编　孙军杰　倪晓雯　武　炜　陈佩佩

前言

　　北京工业职业技术学院已成功入选"中国特色高水平职业院校和高水平专业群建设计划"（简称"双高计划"），学校一直秉承"高端化、精品化、信息化、国际化"的办学理念。学校围绕"业内受欢迎，北京离不开，全国有影响，国际走出去"的办学目标，着眼于培养复合型国际化高素质高端技术技能型人才，安排老师们编写了本书。

　　本书为活页式教材，便于阅读，使用方便。本书模块完整、知识体系简明扼要，适合于高等职业教育学生学习使用，能满足建筑工程技术、工程造价、建筑装饰工程技术等专业学生对建筑材料的学习需要，也适用于广大工程专业技术和管理人员。

　　本书由北京工业职业技术学院王月钱担任主编，由烟台市交通运输监察支队韩喜春、天津市政工程设计研究总院有限公司杜衍庆担任主审，由烟台市交通运输执法监察支队刘勇、北京工业职业技术学院杨欢欢、山东省建筑工程质量检验检测中心有限公司刘近龙担任副主编，全书由王月钱统稿。烟台市交通运输执法监察支队孙军杰、山东省建筑工程质量检验检测中心有限公司倪晓雯、北京工业职业技术学院武炜、北京建筑大学陈佩佩参与了本书的编写工作。

　　鉴于编者水平有限，书中难免存在疏漏之处，恳请广大读者批评指正。

编　者
2023 年 9 月

目录

模块一 绪论 ··· 1
任务1 建筑材料概述 ·· 1
任务2 课程任务 ·· 6

模块二 建筑材料的基本性质 ··· 10
任务1 建筑材料的物理性质 ··· 10
任务2 建筑材料的力学性质 ··· 15

模块三 砌筑材料 ··· 18
任务1 建筑石材 ··· 18
任务2 黏土砖 ·· 21

模块四 胶凝材料 ··· 24
任务1 石灰 ··· 24
任务2 石膏 ··· 27
任务3 水泥 ··· 30
任务4 掺混合材料的水泥 ·· 33

模块五 混凝土 ·· 38
任务1 普通水泥混凝土 ··· 38
任务2 混凝土的力学性能 ·· 42
任务3 混凝土的耐久性 ··· 45
任务4 普通水泥混凝土组成材料 ··· 49
任务5 特种混凝土 ··· 55

模块六 砂浆 62

任务 1 建筑砂浆 62
任务 2 水泥砂浆和石灰砂浆 66

模块七 建筑钢材 69

任务 1 建筑钢材的基本知识 69
任务 2 建筑钢材性质 73
任务 3 建筑用钢 77

模块八 木材 80

任务 1 木材的分类和构造 80
任务 2 木材的性质 85
任务 3 木材的应用和人造板材 90

模块九 其他建筑功能材料 94

任务 1 防水材料 94
任务 2 沥青 97
任务 3 沥青防水制品 100
任务 4 新型防水材料 103
任务 5 绝热材料 106
任务 6 吸声材料和装饰材料 109

附录 工地试验室管理制度 113

参考文献 134

模块一 绪 论

任务1 建筑材料概述

学习目标

知识目标

(1) 了解建筑材料的发展过程及趋势。

(2) 熟悉建筑材料的含义。

(3) 掌握建筑材料的分类。

能力目标

(1) 能理解建筑材料的用途。

(2) 能说出建筑材料的作用。

(3) 能区分建筑材料的类型。

素质目标

(1) 培养学生节能环保的意识。

(2) 提高学生科研创新的能力。

任务分析

建筑材料的应用范围非常广泛,本任务学习建筑材料的定义、作用和分类,以及未来发展趋势等内容。

任务准备

阅读以下内容,总结建筑材料的发展历程及不同阶段材料的特征。

人类最初是"穴居巢处",火的利用使人类学会了烧制砖、瓦、陶瓷与石灰。铁器时代以后有了简单的工具,建筑材料(木材、砖、石等)才由天然材料进入人工生产阶段,为建造较大规模的土木工程和人类需要的其他建筑物提供了基本条件。在漫长的封建社会中，建筑材料的发展极为缓慢。随着城市的出现与扩大、工业的迅速发展、交通的日益发达，越来越需要建造大规模的建筑物（构筑物）和建筑设施，例如大跨度的工业厂房、高层公用建筑，以及桥梁、港口等，这推动了建筑材料的改进，18—19世纪相继出现了钢材、水泥、混凝土等。钢筋混凝土成为主要的结构材料，这使得建筑业的发展进入了一个新阶段。工业的发展使一些具有特殊功能的材料，如绝热材料、吸声材料、耐热材料、耐腐蚀材料、抗渗透材料，以及防辐射材料应运而生。

知识准备

1. 建筑材料的定义

在人类赖以生存的环境中，所有构筑物或建筑物所用材料及制品统称为建筑材料。本任务所说的建筑材料是指建筑物地基、基础、地面、墙体、梁、板、柱、屋顶和建筑装饰用的所有材料。

(1)广义的建筑材料是指组成建筑物或构筑物各部分实体的材料。

(2)狭义的建筑材料是指构成建筑本身的材料，从地基基础、承重构件（梁、板、柱）到地面、墙体、屋面等所用的材料。

2. 建筑材料的作用

(1)建筑材料是建筑工程的物质基础。

(2)建筑材料的发展赋予了建筑物时代特点和风格。

(3)建筑设计理论的不断进步和施工技术的革新受到建筑材料发展水平的制约，也因其发展而不断发展。

(4)正确、节约、合理运用建筑材料直接影响到造价和投资。

3. 建筑材料的分类

1) 按来源分类

(1)天然材料：竹、木等。

(2)人造材料：砖、瓦、水泥、混凝土、钢材等。

2) 按使用功能分类

(1)建筑结构材料：主要是指构成建筑物受力构件和结构所用的材料，如梁、板、柱、基础、框架及其他受力构件和结构等所用的材料。对这类材料技术性能的要求主要是强度和耐久性。目前所用的主要结构材料有砖、石、水泥混凝土及复合物,如钢筋混凝土和预应力钢筋混凝土。随着工业的发展,轻钢结构和铝合金结构所占的比例将会逐渐加大。建筑结构材料见图1-1。

(a)水泥

(b)水泥混凝土

图1-1 建筑结构材料

(2)墙体材料:主要指建筑物内、外及分隔墙体所用的材料,有承重和非承重两类。目前我国大量采用的墙体材料为粉煤灰砌块、混凝土及加气混凝土砌砖等。此外,还有混凝土墙板、石板、金属板材和复合墙板等。墙体材料见图1-2。

(a)粉煤灰砌块

(b)砖墙

图1-2 墙体材料

(3)建筑功能材料:主要指实现某些建筑功能的非承重用材料,如防水材料、绝热材料、吸声和隔声材料、采光材料、装饰材料等。一般来说,建筑物的可靠度与安全度,主要取决于由建筑结构材料组成的构件和结构体系,而建筑物的使用功能与建筑品质,主要取决于建筑功能材料。对某一种具体材料来说,它可能兼有多种功能。建筑功能材料见图1-3。

(a)外保温复合墙　　　　　　　　(b)礼堂吸声材料

(c)花岗岩装饰材料　　　　　　　　(d)防水卷材

图 1-3　建筑功能材料

常见建筑材料按使用功能分类见表 1-1。

表 1-1　建筑材料按使用功能分类

建筑材料	实例
建筑结构材料	砖混结构:石材、砖、水泥混凝土、钢筋; 钢木结构:建筑钢材、木材
墙体材料	砖及砌块:普通砖、空心砖、硅酸盐及砌块; 墙板:混凝土墙板、石膏半复合墙板
建筑功能材料	防水材料:沥青及其制品; 绝热材料:石棉、矿棉、玻璃棉、膨胀珍珠岩石; 吸声材料:木丝板、毛毡、泡沫塑料; 采光材料:窗用玻璃; 装饰材料:涂料、塑料装饰材料、铝材

3）按化学成分分类

(1) 无机材料：金属材料（钢、铁、铝、铜等）；非金属材料（水泥、玻璃、砖瓦、石材）。

(2) 有机材料：木、竹、沥青、塑料等。

(3) 复合材料：玻璃纤维增强材料、钢纤维增强混凝土等。

常见建筑材料按化学成分分类见表1-2。

表1-2 建筑材料按化学成分分类

建筑材料		实例
无机材料	非金属材料	天然石材：石子、砂、毛石、料石； 烧土制品：黏土砖、瓦、空心砖、建筑陶瓷； 玻璃：窗用玻璃、安全玻璃、特种玻璃； 胶凝材料：石灰、石膏、水玻璃； 混凝土及砂浆：普通混凝土、轻混凝土、特种混凝土； 硅酸盐制品：粉煤灰砖、灰砂砖、硅酸盐砌块； 绝热材料：石棉、矿棉、玻璃棉、膨胀珍珠岩
	金属材料	黑色金属：生铁、碳素钢、合金钢； 有色金属：铝、锌、铜及其合金
有机材料	植物质材料	木材、竹材、软木、毛毡
	沥青材料	石油沥青、煤沥青、沥青防水制品
	高分子材料	塑料、橡胶、涂料、胶黏剂
复合材料	无机非金属材料和有机材料的复合材料	聚合物混凝土、沥青混凝土、水泥刨花板、玻璃钢

4. 建筑材料的发展趋势

为了适应未来土木工程发展要求，建筑材料今后的发展将有以下几个趋势：

(1) 尽可能地提高材料的强度、降低材料的自重。

(2) 研究并生产多功能、高效能的材料。

(3) 由单一材料向复合材料及其制品发展。

(4) 更加重视材料的耐久性。

(5) 建筑制品的生产将向预制化、单元化发展，构件尺寸日益增大。

(6) 利用工农业废料、废渣生产廉价的、低性能的材料及制品。

(7) 利用现代科学技术及手段，在深入认识材料的内在结构对性能影响的基础上，按指定的要求，设计与制造更多品种的建筑材料。

小贴士

赵州桥始建于隋代,由匠师李春设计建造,至今已有1400余年历史。赵州桥是世界上现存年代最久、保存最完整的单孔、坦弧、敞肩石拱桥,其建造工艺独特,在世界桥梁史上首创"敞肩拱"结构形式,具有较高的科学研究价值。其雕作刀法苍劲有力,艺术风格新颖豪放,显示了隋代浑厚、严整、俊逸的石雕风貌,桥体饰纹雕刻精细,具有较高的艺术价值。赵州桥在中国造桥史上占有重要地位,对世界桥梁建筑有着深远的影响。赵州桥见图1-4。

图1-4 赵州桥

思考题

(1)简述建筑材料的分类。
(2)简述建筑材料的发展趋势。

任务2 课程任务

学习目标

知识目标

(1)了解建筑材料技术标准。
(2)熟悉本课程的学习目的和基本要求。
(3)熟悉本课程的学习方法。

能力目标

（1）能区分技术标准的等级。

（2）掌握课程学习方法。

素质目标

（1）培养学生精益求精的工匠精神。

（2）培养学生的团队意识。

任务分析

本任务学习常用建筑材料的技术性能、检验方法，为后续的学习及将来在设计、施工、质量检验等方面的工作打下坚实的基础。

任务准备

建筑材料应具有满足工程要求的使用功能和与使用环境条件相适应的耐久性，理想的建筑材料还应具有轻质、高强度、美观、保温、吸声、防水、防震、防火、无毒和高效节能等特点。

知识准备

1. 技术标准

目前我国绝大多数建筑材料都有相应的技术标准，包括产品规格、分类、技术要求、验收规则、代号与标志、运输与储存及抽样方法等。

建筑材料生产企业必须按照标准生产，并控制其质量。建筑材料使用部门则按照标准选用、设计、施工，并按标准验收产品。

我国的建筑材料标准有国家标准、部委行业标准、地方标准和企业标准。国家标准和部委行业标准都是全国通用标准，是国家指令性文件，各级生产、设计、施工等部门均必须严格遵照执行。按要求执行的程度分为强制性标准和推荐标准。

建筑材料有关的标准及其代号：国家标准 GB；建筑工程国家标准 GBJ；建设部行业标准 JGJ；建筑工业行业标准 JG；国家建筑材料工业协会标准 JC；石油化学工业部或中国石油化学总公司标准 SH；冶金部标准 YB；化工部标准 HG；林业部标准 LY；国家级专业标准 ZB；中国工程建设标准化协会标准 CECS；地方标准 DB；企业标准 Q 等。

标准名由标准名称、部门代号、标准编号、批准年份四部分组成。如《低合金高强度结构钢》(GB/T 1591—2018)、《通用硅酸盐水泥》(GB 175—2007)等。

工程中使用的建筑材料除了需要满足产品标准外,有时还需要满足有关的设计规范、施工及验收规范(或规程)等。

2. 本课程学习方法

建筑材料是建筑类学生的一门重要的专业基础课,主要研究建筑材料的组成和构造、性质和应用、技术与标准、检验方法等内容。在学习中,应注意以下几点内容:

(1)材料的组成和结构是决定材料性质的内在因素,只有了解材料组成与结构的关系才能掌握材料的性质。

(2)同类材料存在共性;同类材料的不同品种存在特性。学习时应掌握各种材料的共性,再运用对比的方法掌握不同品种材料的特性。

(3)使用时材料的性质会受到外界环境条件的影响,学习时要运用已学过的物理、化学等知识加深对材料的理解,提高分析、解决问题的能力。

(4)材料实验是本课程的一个重要环节,因此必须上好实验课,通过实验培养动手能力,获取感性知识,了解技术标准与检验方法。

小贴士

2020年7月,住建部、国家发改委、工信部等七部门联合印发了《绿色建筑创建行动方案》。同年9月,九部门联合发文《关于加快新型建筑工业化发展的若干意见》。文件中明确提出"加快推进绿色建材评价认证和推广应用","推动政府投资工程率先采用绿色建材,逐步提高城镇新建建筑中绿色建材应用比例"。

绿色建筑材料是指采用清洁生产技术,不用或少用天然资源和能源,大量使用工农业或城市固态废弃物生产的无毒害、无污染、无放射性,达到使用周期后可回收利用,有利于环境保护和人体健康的建筑材料。绿色建材围绕原料采用、产品制造、使用和废弃物处理这几个环节展开,实现了对地球环境负荷小和有利于人类健康两大目标,达到了"健康、环保、安全及质量优良"的目的。

绿色建筑材料的运用,使以往混凝土建筑材料缺乏的问题得到合理的解决。将水泥和绿色混凝土进行搅拌,可得到一种较为科学且环保的加工材料。借助现代的技术手段,不仅能够减少材质裂化的现象,还能使材料表现出良好的持久性。此外,掺加一些工业废渣也能减少熟料水泥的运用,利用这种优势能有效发挥混凝土的特征,进而减轻对环境的污染。与此同时,由于在以往建筑施工过程中浪费了过多的人力和物力,仍不能有效监督质量问题,所以要不断推广商品混凝土这种形式,以减少对环境和空气的影响。但是当前商品混凝土的价格偏高,还要不断创新技术才能降低成本,进而促进我国绿色混凝土建筑材料的研发和推广。

绿色墙体材料具有承重、分隔、遮阳、避雨、挡风、绝热、隔声、吸声和隔断光线等作用。绿色墙体材料包括绿色墙饰,如草墙纸、麻墙纸等;绿色管材,如塑料金属复合管等;其他类别,如生物乳胶漆和绿色环保地毯、绿色照明系统、LED节能灯、硅藻泥等。

(1)简述建筑材料技术标准的种类有哪些。

(2)谈谈如何学习好本门课程。

模块二　建筑材料的基本性质

任务 1　建筑材料的物理性质

学习目标

知识目标

(1) 了解建筑材料的组成与结构。
(2) 掌握建筑材料的密度、表观密度与堆积密度等概念。
(3) 掌握建筑材料与水有关的性质。
(4) 掌握建筑材料的热性质。

能力目标

(1) 理解建筑材料的组成与结构对材料性质的影响。
(2) 能根据材料的物理性质选择合适的材料。

素质目标

(1) 培养学生节能环保意识。
(2) 培养学生锐意进取的精神。

任务分析

本任务学习材料的组成、结构对材料性质的影响，材料密度，材料与水有关的性质，以及材料的热性质等内容。

任务准备

建筑工程的各个部位处于不同的环境条件下，发挥不同的作用。房屋屋面要承受风霜雨雪的作用且能保温、防水；基础除承受建筑物全部荷载外，还要承受冰冻及地下水的侵蚀；墙体要起到抗冻、隔声、保温、隔热等作用。那么如何根据建筑材料的物理性质选择适合的材料呢？不同种类建筑材料的组成与结构不同，这些区别会影响建筑材料哪些物理性质呢？

知识准备

1. 材料的结构

材料的结构可分为宏观结构、细观结构和微观结构，它是决定材料各种性质的重要因素。

(1)宏观结构。用肉眼或放大镜能够分辨的毫米级以上的粗大组织称为宏观结构，宏观结构又可分为以下几种：

①致密结构，如钢材、有色金属、玻璃、塑料、致密的天然石材等，其特点是强度和硬度较高，吸水性小，抗渗和抗冻性较好。

②多孔结构，如加气混凝土、泡沫塑料等，其特点是强度较低，吸水性大，抗渗和抗冻性较差，绝缘性较好。

③微孔结构，如普通烧结砖、建筑石膏制品等，其特点与多孔结构相同。

④纤维结构，如木材、竹材、玻璃纤维增强塑料、石棉制品等，其特点是平行纤维方向与垂直纤维方向的各种性质具有明显差异。

⑤片状或层状结构，如胶合板、纸面石膏板、各种夹心板等，其特点是平面各向同性，同时提高了材料的强度、硬度等，综合性能好。

⑥散粒结构，如砂子、石子、膨胀珍珠岩等，其特点是颗粒之间存在大量空隙，其空隙率大小主要取决于颗粒级配、颗粒形状及大小等。

(2)细观结构。用光学显微镜观察到的微米级组织结构称为细观结构。材料的细观结构对其力学性质、耐久性等影响很大。

(3)微观结构。用电子显微镜、X射线衍射仪等观察到的材料原子、分子级的微观组织称为微观结构，分为晶体与非晶体。

2. 密度、表观密度与堆积密度

在土木工程中，进行配料计算，确定材料堆放空间、运输量、材料用量及构件自重等经常用到材料的密度、体积密度和堆积密度的数值。常见建筑材料相关密度见，表2-1。

(1)密度。密度是指材料在绝对密实状态下，单位体积的干质量。材料密度的大小取决于材料的组成及微观结构，因此相同组成及微观结构材料的密度为一定值。在建筑材料中，除金属、玻璃等少数材料外，都含有一些孔隙。为了测得含孔材料的密度，应把材料磨成细粉，除去孔隙，经干燥后用李氏瓶测定其实体积。材料磨得越细，所测得的体积越接近绝对体积。

(2)表观密度。表观密度是材料在自然状态下,单位体积的干质量。在自然状态下,材料体积内常含有孔隙。一些孔之间相互连通且与外界相通,称为开口孔。一些孔互相独立,不与外界相通,称为闭口孔。一般在使用时,材料体积为包括内部所有孔在内的体积,即自然状态下的体积,如砖、混凝土、石材等。有的材料如砂、石,在拌制混凝土拌和料时,因其内部的开口孔被水填入,因此体积内只包括材料的实体积及内部的闭口孔。表观密度在计算砂、石在混凝土中的实际体积时有实用意义。

(3)堆积密度。堆积密度是指粒状或粉状材料在堆积状态下,单位体积的质量。材料的堆积体积不但包括所有颗粒内的孔隙,而且包括颗粒间的空隙。其值大小不但取决于材料颗粒的体积,还与堆积的疏密程度有关。

表 2-1 常见建筑材料相关密度

材料名称	密度/(g·cm^{-3})	表观密度/(g·cm^{-3})	堆积密度/(kg·cm^{-3})
钢 材	7.85	—	
松 木	1.55	0.40~0.80	
水 泥	2.80~3.10	—	1200~1800
砂	2.50~2.80	2.65	1450~1650
碎石(石灰石)	2.60~2.80	2.60	1400~1700
普通混凝土	—	1.95~2.50	
普通黏土砖	2.50	16.0~1.90	—

3. 密实度和孔隙率

(1)密实度是指材料体积内被固体物质充实的程度。

(2)孔隙率是指材料体积内孔隙体积所占的比例。

孔隙率与密实度从两个不同侧面来反映材料的致密程度。建筑材料的许多工程性质如强度、吸水性、抗渗性、抗冻性、导热性、吸声性等都与材料的致密程度有关。这些性质除取决于孔隙率的大小外,还与孔隙的构造特征密切相关。孔隙特征主要指孔隙的种类(开口孔与闭口孔)、孔径的大小及孔的分布等。

由于孔隙率的大小及孔隙特征对材料的工程性质有不同的影响,因此常采用改变材料的孔隙率及孔隙特征的方法来改善材料的性能,例如加入引气剂、引入一定数量的闭口孔等,都可以提高混凝土的抗渗及抗冻性能。

4. 材料与水有关的性质

1）材料的亲水性与憎水性

材料与水接触时有两种不同的现象,这是由于水与固体表面之间的作用情况不同。若材料遇水后其表面能降低,则水在材料表面易于扩展。这种与水的亲合性称为亲水性。表面与水亲合能力较强的材料称为亲水性材料。与此相反,材料与水接触时不与水亲合的性质称为憎水性。

建筑材料中,各种无机胶凝混凝土、石料、砖瓦等均为亲水性材料,它们由极性分子所组成,与极性分子水之间有良好的亲合性。沥青、油漆、塑料等为憎水性材料,这是因为极性分子的水与这些非极性分子组成的材料互相排斥。憎水性材料常用作防潮、防水及防腐材料,也可以对亲水性材料进行表面处理,用以降低吸水性。

2）吸湿性与吸水性

材料在环境中能自发地吸收空气中水分的性质称为吸湿性。材料的吸湿性用含水率表示,即吸入的水与干燥材料的质量之比。材料的吸湿性主要取决于材料的组成及结构状态。一般来说,开口孔隙率较大的亲水性材料具有较强的吸湿性。材料的含水率还受到环境条件的影响,它随环境的温度和湿度的变化而改变。材料的含水率最终将与环境湿度达到平衡状态,与空气湿度达到平衡时的含水率称为平衡含水率。此时的含水状态称为气干状态。

材料在水中能吸收水分的性质称为吸水性。材料吸水率的大小不仅取决于材料对水的亲憎性,还取决于材料的孔隙率及孔隙特征。密实材料及具有闭口孔的材料是不吸水的;具有粗大孔的材料因其水分不易存留,其吸水率也常小于其开口孔隙率;而那些孔隙率较大,且具有细小开口连通孔的亲水性材料往往具有较大的吸水能力。材料在水中吸水饱和后,吸入水的体积与孔隙体积之比称为饱和系数。材料含水后,不但可使材料的质量增加,而且会使强度降低,保温性能下降,抗冻性能变差,有时还会发生明显的体积膨胀。可见材料中含水对材料的性能往往是不利的。

3）耐水性

材料在水的作用下,其强度不显著降低的性质称为耐水性。一般材料含水后,将会以不同方式减弱内部结合力,使强度有不同程度的降低。材料的耐水性用软化系数表示。材料的软化系数为 $0\sim1$,软化系数越小,说明材料吸水饱和后强度降低得越多,耐水性越差。处于水中或潮湿环境中的重要结构物所选用材料的软化系数不得小于 0.85。因此软化系数大于 0.85 的材料,可认为是耐水的。干燥环境下使用的材料可不考虑耐水性。

4）抗渗性和抗冻性

抗渗性是指材料抵抗压力水或其他液体渗透的性能。

抗冻性是指材料在吸水饱和状态下，能经受多次冻融循环而不被破坏，其强度也不严重降低的性质。抗冻等级以试件在吸水饱和状态下，经冻融循环作用，质量损失和强度下降均不超过规定数值的最大冻融循环次数来表示。

5. 材料的热性质

1）导热性

材料传递热量的性质称为材料的导热性，用导热系数表示。导热系数越小，材料的隔热保温性能越好。

2）热容量

材料受热时吸收热量，冷却时放出热量的性质，称为热容量。

3）热变形性

材料随温度的升降而产生热胀冷缩变形的性质，称为材料的热变形性，用线膨胀系数表示。线膨胀系数越大，材料的热变形量越大。

4）耐燃性

材料在空气中遇火不燃烧的性能，称为材料的耐燃性。按照遇火时的反应将材料分为不燃烧材料、难燃烧材料、可燃烧材料和易燃烧材料四类。

小贴士

建筑材料的物理性质与材料种类、组成结构密切相关，建筑材料使用功能不同，所需要具备的基本物理性质也差别较大。建筑材料的基本性质是学习建筑材料的基础，也是正确理解、合理选用建筑材料的依据，材料的组成结构也会影响材料物理性质。

为了在工程设计和施工中正确选择和合理使用建筑材料，需要熟悉建筑材料的物理性质，以免出现工程质量问题或安全事故。

思考题

（1）简述建筑材料的基本物理性质。

（2）密度、表观密度与堆积密度之间有什么区别和联系？

任务 2　建筑材料的力学性质

学习目标

知识目标

(1)掌握建筑材料的强度和变形。

(2)了解建筑材料的硬度和耐磨性。

(3)掌握建筑材料的脆性和韧性。

(4)熟悉建筑材料的耐久性。

能力目标

(1)理解建筑材料强度和变形之间的关系。

(2)会根据材料的力学性质选择合适的材料。

素质目标

(1)培养学生刻苦学习的品质。

(2)培养学生锐意进取的精神。

任务分析

本任务学习建筑材料的强度和变形、硬度和耐磨性、脆性和韧性,以及耐久性等内容。

任务准备

建筑物或构筑物要满足经济、适用、安全、耐久的要求,还需要有一定的承载力,这都与材料的力学性质有关。材料的力学性质体现了其在外力作用下的变形性质和抵抗外力破坏的能力。那么建筑材料有哪些力学性质呢?

知识准备

1. 强度和变形

材料在外力作用下抵抗破坏的能力称为强度。当材料受到外力、荷载、变形限制、温度等作用时内部会产生应力。外力增加,应力相应增大,当应力增大到一定数值时,材料可能出现的两种情况:一种是当应力达到某一值(屈服点)后不再增加,产生较大的塑性变形,构件失去使用功能,却并未达到极限应力值;另一种是外力未能使材料出现屈服现象就直接达到材料的极限应力值而出现断裂。这两种情况下的应力值都可称为材料的强度。前者以屈服点值作为钢材的设计依据,后者包含几乎所有的脆性材料。材料的强度根据所受外力作用形式的不同可分为抗拉强度、抗压强度、抗弯强度和抗剪强度等。

从理论上讲,材料受外力作用被破坏的原因主要是拉力造成质点间结合键断裂,或者产生脆裂,或者产生晶界面的滑移。材料受压破坏,实际上也是由压力作用引起内部产生拉应力或剪应力而引起的。

材料在外力作用下产生变形,当外力撤除后能完全恢复到原始状态的性质称为材料的弹性。这种可恢复的变形称为弹性变形。衡量材料抵抗变形能力的指标是弹性模量。弹性模量越大,材料越不容易变形,即材料的刚度越好。

另外,材料在外力作用下产生变形,当外力撤除后有部分变形不能恢复,这种性质称为材料的塑性。这种不能恢复的变形称为塑性变形。

2. 硬度和耐磨性

材料的硬度是材料表面抵抗硬物压入或刻划的能力。材料的硬度越大,其耐磨性越好。工程中有时也可用硬度来间接推算材料的强度。

材料的耐磨性与材料的组成成分、结构、强度、硬度等有关。在建筑工程中,对于踏步、台阶、地面、路面等所用的材料,一般都应具备较高的耐磨性。

3. 脆性和韧性

材料在外力作用下,直至断裂前只发生很小的弹性变形,不出现塑性变形而突然被破坏的性质称为脆性。具有这种性质的材料称为脆性材料。脆性材料的抗压强度比抗拉强度大得多,可达几倍到几十倍。脆性材料抵抗冲击或振动荷载的能力差,故常用于承受静压力作用的工程部位,如基础、墙体、柱子、墩座等。属于此类的材料如石材、砖、混凝土、铸铁等。材料在冲击、振动荷载作用下,能吸收较大的能量,也能产生一定的塑性变形而不致破坏的性质称为韧性(或冲击韧性)。建筑钢材、木材、沥青混凝土等属于韧性材料。路面、桥梁、吊车梁,以及有抗震要求的结构所用材料都要考虑材料的韧性。

4. 耐久性

材料的耐久性是指用于建筑工程的材料,在环境的多种因素作用下,经久不变质、不被破坏,长久地保持其使用性能的性质。

材料在建筑物使用过程中,除内在原因使其组成、构造发生变化以外,还要长期受到使用条件及各种自然因素的作用。材料的耐久性是一项综合性质,各种材料耐久性的具体内容,因其组成和结构不同而异。

小贴士

建筑材料往往需要承受荷载作用,这要求它具备必要的力学性能,同时,有些建筑材料暴露在大气环境中,经受着风吹、日晒、雨淋、温差等因素的作用,这就要求材料具有一定的耐久性。

思考题

(1)什么是材料的强度?
(2)什么是材料的耐久性?

模块三　砌筑材料

任务1　建筑石材

学习目标

知识目标

(1)了解岩石的种类及性质。
(2)掌握常用建筑石材的种类。

能力目标

(1)能区分三类岩石并了解其各自的形成过程。
(2)能合理选用建筑石材。

素质目标

(1)培养学生节能环保意识。
(2)培育学生的工匠精神。

任务分析

本任务学习岩石的种类及性质、常用建筑石材的类型等内容。

任务准备

无论是作为承重材料,还是装饰材料,石材应用都十分广泛。那么建筑石材是如何产生的,有哪些种类呢？

知识准备

1. 岩石

造岩矿物主要是指组成岩石的矿物,大部分是硅酸盐、硅酸盐矿物。根据硅酸盐的含量,造岩矿物可分为主要矿物、次要矿物、副矿物。建筑常用的岩石有花岗岩、正长岩、石灰岩、大理岩和石英岩。

2. 岩石的种类及性质

1）岩石的种类

按岩石的成因可分为三类:岩浆岩、沉积岩、变质岩。岩石转化见图3-1。

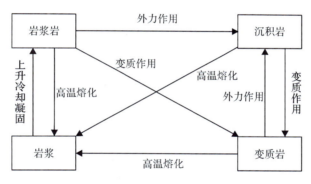

图3-1 岩石转化图

2）岩石的性质

①强度。岩石抗压强度很大,抗拉强度很小,一般是脆性材料,岩石的比强度小于钢材和木材。

②吸水率。吸水率反映岩石吸水能力的大小,岩石的吸水性直接影响其抗冻性、抗风化性等耐久性指标。吸水率大,说明岩石的耐久性差。

③硬度。硬度大的岩石强度高,耐磨性、抗刻划性好。

④岩石的物理风化。当温度发生明显变化时,岩石中的矿物体积产生变化,因而产生应力,形成裂缝。受干湿循环影响,岩石发生反复胀缩而产生微细裂纹。风化是指岩石在各种因素的相互促进下发生物理和化学变化直至破坏的复杂现象,其主要体现在岩石表面有剥落现象。岩石的耐久性较好,花岗岩耐久性最佳,安山岩次之,软质砂岩和凝灰岩最差。

⑤岩石的热学性质。岩石的热膨胀系数不相同导致岩石的热稳定性不一定好,温度

大幅升高或降低时,内部产生应力,导致岩石崩裂。岩石的比热容较大,导热系数较小,隔热能力比钢材好。

3. 常用的建筑石材

1)毛石

毛石的抗压强度以三个边长为 70 mm 的立方体试块的抗压强度的平均值表示。石材共分为 9 个强度等级:MU100、MU80、MU60、MU50、MU40、MU30、MU20、MU15、MU10。MU 表示砌体中的块体,后面的数值表示黏土砖的强度大小,单位为 MPa。毛石可以分为乱毛石和平毛石。乱毛石形状不规则,尺寸一般为 300~400 mm,质量一般为 20~30 kg,常用于砌筑基础、墙身、挡土墙。平毛石是乱毛石加工而成的,形状比乱毛石整齐,常用于砌筑基础、墙身、桥墩。毛石见图 3-2。

(a)乱毛石　　　　　　　　　(b)平毛石

图 3-2　毛石

2)料石

料石分为毛料石、粗料石、半细料石和细料石。

(1)毛料石,外形较为方正,高度不小于 200 mm,叠砌面凹入深度不大于 25 mm。

(2)粗料石,截面宽、高不小于 200 mm,且不小于长度的 1/4,叠砌面凹入深度不大于 20 mm。

(3)半细料石,截面宽、高不小于 200 mm,且不小于长度的 1/4,叠砌面凹入深度不大于 15 mm。

(4)细料石,截面宽、高不小于 200 mm,且不小于长度的 1/4,叠砌面凹入深度不大于 10 mm。

3）饰面石材

(1) 天然花岗石板材。天然花岗石板材是建筑装饰上以花岗岩为代表的一类装饰石材，包括以石英、长石英为主要的组成矿物，并含有少量云母、暗色矿物的岩浆岩和花岗质的变质岩。具有构造致密、强度高、密度大、吸水率较低、耐磨等特性。其可分为毛光板、普型板、圆弧板、异型板等。

(2) 天然大理石。天然大理石的主要成分为硅酸盐矿物，具有质地较密实、抗压强度较高、吸水率低、质地较软等特性。其可分为普型板、圆弧板。

(3) 青石装饰板材。青石装饰板材属于沉积岩类，主要成分为石灰石和白云石。

小贴士

石材作为一种高档建筑装饰材料广泛应用于室内外装饰设计、幕墙装饰和公共设施建设。市场上常见的石材主要分为天然石材和人造石材。

天然石材按物理化学特性又分为板岩和花岗岩两种。人造石材按工序分为水磨石和合成石。水磨石是以水泥、混凝土等原料锻压而成；合成石是以天然石的碎石为原料，加上黏合剂等经加压、抛光而成的。人造石材为人工制成，所以没有天然石材价值高。石材是建筑装饰材料的高档产品，随着科技的不断发展和进步，人造石材产品也日新月异，质量和外观已经不逊于天然石材。随着建筑业的发展，石材早已成为道路、桥梁、房屋建设的重要原料之一。

思考题

(1) 常用的建筑石材有哪些？

(2) 举一个建筑石材的具体应用案例。

任务2　黏土砖

学习目标

知识目标

(1) 了解黏土砖的特点。

(2) 掌握蒸压灰砂砖、蒸压粉煤灰砖等的概念。

能力目标

(1) 能阐述黏土砖的特性。

(2) 能根据需要选取不同类型的砖。

素质目标

(1) 培养学生保护资源的意识。

(2) 培养学生勤俭节约的习惯。

任务分析

本任务学习黏土砖、蒸压灰砂砖、蒸压粉煤灰砖等的相关知识。

任务准备

黏土砖既有一定的强度,又有较好的隔热、隔声性能,冬季室内墙面不会出现结露现象,而且价格低廉。虽然不断出现各种新的墙体材料,但黏土砖可能在今后一段时间内,仍会作为一种主要材料用于砌筑工程中。

在建筑工程中,有哪些砖的类型呢?

知识准备

1. 黏土砖

黏土砖是由黏土制成砖坯,经过干燥,然后入窑烧至 900~1000 ℃ 而制成的。黏土砖的标准尺寸为 240 mm×115 mm×53 mm。黏土砖的主要强度指标是它的抗压强度。黏土砖的强度等级有 MU30、MU25、MU20、MU15 和 MU10。

2. 蒸压灰砂砖

蒸压灰砂砖是以石灰和砂为主要原料,经坯料制备、压制成型、蒸压养护而成的实心砖,简称灰砂砖。灰砂砖的规格尺寸与黏土砖相同。蒸压灰砂砖的强度等级有 MU25、MU20、MU15 和 MU10。

3. 蒸压粉煤灰砖

蒸压粉煤灰砖是以粉煤灰、石灰为主要原料,掺加适量石膏和集料,经坯料制备、压制成型、高压蒸汽养护而成的实心砖,简称粉煤灰砖。粉煤灰砖的规格尺寸与黏土砖相同。

蒸压粉煤灰砖的强度等级有 MU25、MU20、MU15 和 MU10。

4. 硅酸盐砌块

硅酸盐砌块是以炉渣为集料，以粉煤灰、碎石灰、磷石膏等工业废料为胶结料，加水搅拌、振动成型、蒸养而成。这种砌块不能用于防潮层以下的部位，一般情况下只作填充物使用。硅酸盐砌块的强度等级有 MU20、MU15、MU10、MU7.5 和 MU5。

普通黏土砖的生产和使用，在我国已有 3000 多年的历史。如今，建设工程中使用的墙体材料中，普通黏土砖仍占主导地位。虽然普通黏土砖存在诸多不足，但由于其价格低廉、工艺简单、设计和施工技术成熟，以及人们习惯使用等，估计普通黏土砖在今后相当长的时间内，特别是在农村，仍然是主要的墙体材料之一。

思考题

简述黏土砖、蒸压灰砂砖、蒸压粉煤灰砖各有什么特点。

模块四　胶凝材料

任务 1　石灰

学习目标

知识目标

(1) 了解胶凝材料的概念及分类。

(2) 掌握石灰的熟化、硬化等概念。

(3) 熟悉石灰的性质和应用。

能力目标

(1) 能根据石灰的相关概念保存石灰。

(2) 能根据石灰的性质合理应用石灰。

素质目标

(1) 使学生具有良好的职业道德。

(2) 培养学生勇于克服困难的精神。

任务分析

本任务学习胶凝材料的概念及分类、石灰的生成、石灰的熟化、石灰的硬化、石灰的性质及应用等内容。

任务准备

石灰和石灰石大量被用作建筑材料，它们也是许多工业的重要原料。石灰石可直接加工成石料或烧制成生石灰。

举例说明石灰在工程上的代表性应用。

知识准备

1. 胶凝材料

经过一系列物理、化学作用,能够将建筑上散状材料或块状材料黏结成整体的材料称为胶凝材料。

按化学成分分,胶凝材料可分为有机胶凝材料和无机胶凝材料。有机胶凝材料如沥青、树脂、橡胶等。无机胶凝材料按硬化条件可分为气硬性胶凝材料和水硬性胶凝材料。

2. 石灰的生成

生产石灰所用的原料主要是以碳酸钙为主的天然岩石,常用的是石灰石和白垩等。石灰一般是天然岩石在立窑中煅烧而成的,煅烧后生成生石灰,其主要成分为氧化钙。

3. 石灰的熟化

石灰的熟化又称消解。它是生石灰(CaO)与水作用生成熟石灰[$Ca(OH)_2$]的过程。在熟化过程中放出大量的热,体积迅速增加1~2.5倍。建筑工程中常用经熟化后的熟石灰,如石灰膏等。

4. 石灰的硬化

石灰的硬化包括干燥硬化和碳化硬化。石灰浆体在干燥过程中毛细孔隙失水,由于水的表面张力作用,毛细孔隙中的水面呈弯月面,从而产生毛细管压力,使得 $Ca(OH)_2$ 颗粒间的接触紧密,产生一定的强度,这就是干燥硬化。$Ca(OH)_2$ 与空气中的 CO_2 反应生成 $CaCO_3$ 晶体的过程称为碳化。生成的 $CaCO_3$ 具有相当高的强度。

5. 石灰的性质

1)保水性、可塑性好

石灰熟化生成的 $Ca(OH)_2$ 颗粒极其细小,比表面积(材料的总表面积与其质量的比值)很大,使得 $Ca(OH)_2$ 颗粒表面吸附有一层较厚水膜,即石灰的保水性好。

2)凝结硬化慢、强度低

石灰的凝结硬化很慢,且硬化后的强度很低。如石灰砂浆 28 d 抗压强度只有 0.2~0.5 MPa。

3）耐水性差

潮湿环境中石灰浆体会产生凝结硬化。硬化后的石灰浆体的主要成分为 $Ca(OH)_2$ 和少量的 $CaCO_3$。

4）干燥收缩大

$Ca(OH)_2$ 颗粒吸附的大量水分在凝结硬化过程中不断蒸发，并产生很大的毛细管压力，使石灰浆体收缩而开裂，因此石灰除用作粉刷墙面外一般不宜单独使用。

6. 石灰的应用

（1）利用熟化石灰制成石灰砂浆或水泥石灰混合砂浆，用于抹灰和砌筑。

（2）利用石灰与石英砂、粉煤灰、矿渣等为主要原料，生产人造石材。

（3）熟化后的石灰与黏土拌和成灰土或石灰土。再加砂或石屑、炉渣等可形成三合土，广泛用于建筑工程的基础和道路的垫层或基层。

（4）磨细生石灰、纤维状填料（如玻璃纤维）或轻质集料加水搅拌成型为坯体，然后再通入 CO_2 进行人工碳化（12~24 h），形成一种轻质板材，可用作非承重的内隔墙板及天花板等。

石灰是在土木工程中使用较早的气硬性胶凝材料之一，石灰的应用如图 4-1 所示。

（a）长城　　　　　　　　　（b）少林寺塔林

图 4-1　石灰的应用

小贴士

石灰是一种以氧化钙为主要成分的气硬性无机胶凝材料。石灰是用石灰石、白云石、白垩、贝壳等碳酸钙含量高的产物，经 900~1100 ℃ 煅烧而成的。石灰是人类最早应用的胶凝材料。石灰在土木工程中应用范围很广，还可用在医药方面。

石灰和石灰石大量用作建筑材料,也是许多工业的重要原料。石灰石可直接加工成石料或烧制成生石灰。石灰有生石灰和熟石灰之分。生石灰的主要成分是 CaO,一般呈块状,纯生石灰为白色,含有杂质时为淡灰色或淡黄色。生石灰吸潮或加水后成为消石灰,消石灰也叫熟石灰,它的主要成分是 $Ca(OH)_2$。熟石灰经调配制成石灰浆、石灰膏、石灰砂浆等,用作涂装材料和砖瓦黏合剂。纯碱是用石灰石、食盐、氨等原料经过多步反应(索尔维法)制得的。利用消石灰和纯碱反应(苛化法)可制成烧碱。

思考题

(1)什么是胶凝材料?
(2)简述石灰的熟化和石灰的硬化概念。
(3)石灰有哪些性质?

任务 2　石膏

学习目标

知识目标

(1)了解气硬性胶凝材料的概念。
(2)熟悉石膏的生成、水化、凝结和硬化。
(3)掌握石膏的主要品种、性质。
(4)掌握建筑石膏的应用。

能力目标

(1)能说出建筑石膏的品种及其应用范围。
(2)能根据建筑石膏的性质合理选用石膏。

素质目标

(1)培养学生节约资源、保护环境的意识。
(2)培养学生刻苦学习的精神。

任务分析

本任务学习建筑石膏的生成、水化、凝结和硬化等概念,以及建筑石膏的性质及应用等。

任务准备

石膏是单斜晶系矿物,其主要化学成分为硫酸钙($CaSO_4$)。石膏是一种用途广泛的工业材料和建筑材料,可用于水泥缓凝剂、石膏建筑制品、模型制作、医用食品添加剂、硫酸生产、纸张填料、油漆填料等。石膏及其制品的微孔结构和加热脱水性,使之具有优良的隔音、隔热和防火性能。

石膏有哪些性质,在工程中有哪些应用呢?

知识准备

1. 石膏的主要成分

石膏是以 $CaSO_4$ 为主要成分的常用气硬性胶凝材料。

2. 石膏的生成

石膏的生产原料主要是含 $CaSO_4$ 的天然石膏(又称生石膏)或含 $CaSO_4$ 的化工副产品和废渣等,其化学式为 $CaSO_4 \cdot 2H_2O$,也称二水石膏。石膏的生产过程主要有破碎、加热与磨细。

3. 石膏的主要品种

(1)建筑石膏。将天然 $CaSO_4 \cdot 2H_2O$ 在石膏炒锅或沸腾炉内燃烧且温度控制在107~170 ℃时,$CaSO_4 \cdot 2H_2O$ 会脱水变为细小晶体的 β 型 $CaSO_4 \cdot 1/2H_2O$(又称熟石膏),再经磨细可制得建筑石膏。

(2)模型石膏。模型石膏的主要成分也是 β 型 $CaSO_4 \cdot 1/2H_2O$,但杂质少、色白。主要用于陶瓷制坯工艺的成型和装饰浮雕等。

(3)高强度石膏。将 $CaSO_4 \cdot 2H_2O$ 在密闭的压蒸釜内蒸炼脱水制成的半水石膏,又称 α 型半水石膏,再经磨细可制得高强度石膏。与 β 型半水石膏相比,α 型半水石膏的晶体粗大且密实,达到一定稠度所需的用水量小,且只有建筑石膏的一半。因此 α 型石膏硬化后结构密实、强度较高,硬化 7 d 时的强度可达 15~40 MPa。

高强度石膏主要用于要求较高的抹灰工程、装饰制品和石膏板。另外掺入防水剂还可制成高强度防水石膏和无收缩的黏结剂等。

(4)粉刷石膏。粉刷石膏是天然 $CaSO_4 \cdot 2H_2O$ 或废石膏经适当加工工艺所得到的粉状生成物。当配适量的缓凝剂、保水剂等化学外加剂后制成抹灰用胶结料。

4. 建筑石膏的水化

建筑石膏($CaSO_4 \cdot 1/2H_2O$)加水拌和后,与水发生水化反应首先溶解于水,然后发生反应,生成 $CaSO_4 \cdot 2H_2O$,即建筑石膏的水化。

5. 建筑石膏的凝结和硬化

当水化继续进行后,$CaSO_4 \cdot 2H_2O$ 胶体微粒的数量不断增多,它比原来的 $CaSO_4 \cdot 1/2H_2O$ 颗粒细得多,可吸附更多的水分。浆体中的水分因水化和蒸发而逐渐减少,浆体的稠度逐渐增加,颗粒之间的摩擦力和黏结力逐渐增大,浆体的可塑性减少,形成石膏的凝结。

6. 建筑石膏的性质

建筑石膏的性质有以下几点:①凝结硬化时间短;②凝结硬化时体积微膨胀;③孔隙率大、体积密度小;④保温性和吸声性好;⑤强度较低;⑥具有一定的调湿性;⑦防火性好,但耐火性差;⑧耐水性、抗渗性、抗冻性差。

7. 建筑石膏的应用

建筑石膏的应用:①作室内抹灰和粉刷材料用。②制作石膏板,石膏板具有轻质、隔热保温、吸声、防火、尺寸稳定及施工方便等性能,在建筑中广泛应用,是一种很有发展前途的新型建筑材料。建筑石膏在存储中应注意防雨、防潮且存储期一般不宜超过三个月。以建筑石膏为主要原料,掺入适量添加剂与纤维做板芯以制制的板纸为护面,可以制成纸面石膏板如图 4-2 所示。

图 4-2 纸面石膏板

小贴士

天然石膏是自然界中蕴藏的石膏,主要为二水石膏。中国石膏矿产资源储量丰富,已探明的各类石膏总储量约为570亿吨,居世界首位,分布于23个省、市、自治区,其中储量超过10亿吨的有10个,依次分别为山东、内蒙古、青海、湖南、湖北、宁夏、西藏、安徽、江苏和四川,石膏资源比较贫乏的地区是东北和华东地区。我国石膏资源主要是普通石膏和硬石膏,其中硬石膏占总量的60%以上,作为优质资源的特级及一级石膏,仅占总量的8%,其中纤维石膏仅占总量的1.8%。

任务3 水泥

学习目标

知识目标

(1)熟悉水泥、硅酸盐水泥的概念。
(2)熟悉硅酸盐水泥熟料的组成。
(3)掌握水泥的凝结和硬化。
(4)掌握硅酸盐水泥的技术性能。

能力目标

(1)能区分不同类型的水泥。
(2)能把硅酸盐水泥的技术性质与水泥储存、运输和验收要求结合起来。

素质目标

(1)培养学生探索创新的精神。
(2)培养学生团队意识。

任务分析

本任务学习水泥、硅酸盐水泥、生产工艺、硅酸盐水泥熟料组成、水泥的凝结和硬化、硅酸盐水泥的技术性能、普通硅酸盐水泥等内容。

任务准备

早期石灰与火山灰的混合物与现代的石灰火山灰水泥很相似,用它胶结碎石制成的混凝土,硬化后不但强度较高,而且还能抵抗淡水或含盐水的侵蚀。长期以来,它作为一种重要的胶凝材料,广泛应用于土木建筑、水利、国防等工程。

那么水泥有哪些种类且各有什么性质呢?

知识准备

1. 水泥

水泥加水拌和后,经过物理、化学反应过程能由可塑性浆体变为坚硬的石状体,它不仅能在空气中硬化,而且在水中能更好地硬化,保持并继续增长其强度,所以,水泥属于水硬性胶凝材料。水泥是配制各种混凝土、钢筋混凝土和预应力混凝土建筑结构和构件的最基本的组成材料之一。

建筑工程中通常应用的水泥有硅酸盐水泥、普通硅酸盐水泥、矿渣硅酸盐水泥、火山灰质硅酸盐水泥、粉煤灰硅酸盐水泥和复合硅酸盐水泥6种。

2. 硅酸盐水泥

我国现行国家标准《通用硅酸盐水泥》(GB 175—2007)规定,凡由硅酸盐水泥熟料、0~5%石灰石或粒化高炉矿渣、适量石膏磨细制成的水硬性胶凝材料,称为硅酸盐水泥。

硅酸盐水泥可以分为两类:不掺混合材料的称为Ⅰ型硅酸盐水泥,代号P·Ⅰ;在硅酸盐水泥熟料粉磨时掺加不超过质量5%石灰石或粒化高炉矿渣混合材料的称为Ⅱ型硅酸盐水泥,代号P·Ⅱ。

3. 硅酸盐水泥生产工艺

生产硅酸盐水泥的原料主要是石灰质原料和黏土质原料。石灰质原料可采用石灰石、白垩、石灰质凝灰岩等。黏土质原料可采用黏土、页岩等。有时还需配入辅助原料,如铁矿石等。

将几种原材料按照适当的比例混合后在研磨机中磨细,制成生料,然后将生料入窑进行煅烧,煅烧后获得黑色的球状物即为熟料。

熟料与少量石膏混合磨细即成水泥。通过高温煅烧后,氧化钙与氧化硅、氧化铝、氧化铁相结合,形成新的化合物,叫作水泥熟料矿物。所以,水泥生产工艺过程可概括为"两磨一烧"。

4. 硅酸盐水泥熟料组成

(1)硅酸三钙 $3CaO·SiO_2$,简式为 C_3S,其质量分数通常在50%左右,是硅酸盐水泥中最主要的矿物成分。

(2) 硅酸二钙 $2CaO \cdot SiO_2$，简式为 C_2S，质量分数为 10%～40%。

(3) 铝酸三钙 $3CaO \cdot Al_2O_3$，简式为 C_3A，质量分数通常在 15% 以下。

(4) 铁铝酸四钙 $4CaO \cdot Al_2O_3 \cdot Fe_2O_3$，简式为 C_4AF，质量分数为 5%～15%。

5. 凝结和硬化

水泥加水拌和后成为可塑的水泥浆，由于水泥的水化作用，水泥浆逐渐变稠失去流动性和可塑性而未具有强度的过程，称为水泥的凝结。随后具有强度并逐渐发展成为坚硬的人造石的过程，称为水泥的硬化。

硅酸盐水泥颗粒与水接触，水泥熟料矿物立即与水发生水化反应，生成水化产物并放出一定热量。影响水泥凝结硬化的因素有很多，例如，水灰比、石膏含量、温度与湿度，以及水泥矿物成分的含量、水泥颗粒细度等。

6. 硅酸盐水泥的技术性能

我国现行国家标准《通用硅酸盐水泥》(GB 175—2007) 规定，硅酸盐水泥的技术性能包括化学性质和物理力学性质两大方面。一方面硅酸盐水泥的化学性质是为保证水泥的使用质量，控制水泥中有害化学成分的含量。另一方面硅酸盐水泥的物理力学性质是指水泥的细度、水泥净浆标准稠度、凝结时间、体积安定性等。

水泥的强度除了与水泥本身的性质（如熟料的矿物组成、细度等）有关外，还与水灰比、试件制作方法、养护条件和时间等有关。

我国现行国家标准《水泥胶砂强度检验方法（ISO 法）》(GB/T 17671—2021) 规定，以 1∶3 的水泥和标准砂（标准砂满足级配要求），采用 0.5 的水灰比，用标准制作方法制成 40 mm×40 mm×160 mm 的棱柱标准试件。

硅酸盐水泥的强度等级有 42.5、42.5R、52.5、52.5R、62.5 和 62.5R 6 个。

7. 普通硅酸盐水泥

我国现行国家标准《通用硅酸盐水泥》(GB 175—2007) 规定，凡由硅酸盐水泥熟料、6%～15% 混合材料、适量石膏磨细制成的水硬性胶凝材料，称为普通硅酸盐水泥，简称普通水泥，代号 P·O。

掺活性混合材料时，最大掺加量不得大于 15%，允许用不超过水泥质量 5% 的窑灰或不超过水泥质量 10% 的非活性混合材料来代替。普通水泥由于掺加混合材料的数量较少，性质与不掺加混合材料的硅酸盐水泥相近。

小贴士

1824年英国人J·阿斯普丁用石灰石和黏土的人工混合物烧成一种水硬性的胶凝材料,它在凝结硬固后的颜色、外观和当时英国用于建筑的优质波特兰石头相似,故称为波特兰水泥。但阿斯普丁所得产物因烧成温度低而质量不够好,真正类似于现在的波特兰水泥是1850年英国人G.C.约翰孙发现的,从此开始了波特兰水泥工业。一百多年来,硅酸盐水泥的生产工艺和性能不断得到改进,同时人们又研制出众多的新品种,迄今已有100多种水泥。

思考题

(1)什么是水泥的凝结和硬化?
(2)硅酸盐水泥熟料的成分有哪些?
(3)硅酸盐水泥有哪些技术性能?

任务4　掺混合材料的水泥

学习目标

知识目标

(1)掌握掺混合料水泥的概念。
(2)掌握水泥混合料的概念。
(3)掌握矿渣硅酸盐水泥、火山灰质硅酸盐水泥、粉煤灰硅酸盐水泥的概念。
(4)了解其他品种的水泥。

能力目标

(1)能区分不同掺和料的性质和作用。
(2)能根据工程要求合理选择水泥品种。

素质目标

(1)培养学生节约资源的意识。
(2)培养学生锐意进取的精神。

任务分析

本任务学习掺混合料水泥、水泥混合料、矿渣硅酸盐水泥、火山灰质硅酸盐水泥、粉煤灰硅酸盐水泥、复合硅酸盐水泥,以及其他品种水泥等的相关知识。

任务准备

在水泥生产过程中,为改善水泥性能、调节水泥标号而加到水泥中的矿物质材料,为水泥混合材料,简称水泥混合材。

掺混合料能改善水泥的哪些性质呢?

知识准备

1. 掺混合材料水泥

有时为了改善硅酸盐水泥的某些性能,达到增加产量、降低成本的目的,在硅酸盐水泥熟料中掺加适量的各种混合材料与石膏共同磨细的水硬性胶凝材料,称为掺混合材料水泥。

2. 水泥混合材料

水泥混合材料通常分为活性混合材料和非活性混合材料两类。

1) 活性混合材料

混合材料的成分能与水泥中的矿物成分起化学反应,生成水硬性凝胶,并且改善原水泥的性质。常用的活性混合材料有粒化高炉矿渣、火山灰质混合材料和粉煤灰等。

2) 非活性混合材料

非活性混合材料不具有或只具有微弱的化学活性,在水泥水化过程中,它基本上不参加化学反应,仅起提高产量、降低强度等级、降低水化热和改善新拌混凝土工作性等作用。因此,这类混合材料称为填充性混合材料。

3. 矿渣硅酸盐水泥

凡由硅酸盐水泥熟料和粒化高炉矿渣和适量石膏磨细制成的水硬性胶凝材料,称为矿渣硅酸盐水泥,简称矿渣水泥,代号P·S。

4. 火山灰质硅酸盐水泥

凡由硅酸盐水泥熟料、火山灰质混合材料和适量石膏磨细制成的水硬性胶凝材料,称为火山灰质硅酸盐水泥,简称火山灰水泥,代号为P·P。水泥中火山灰质混合材料掺加量按质量分数计为20%~50%。

5. 粉煤灰硅酸盐水泥

凡由硅酸盐水泥熟料、粉煤灰和适量石膏磨细制成的水硬性胶凝材料,称为粉煤灰硅酸盐水泥,简称粉煤灰水泥,代号 P·F。水泥中粉煤灰掺加量按质量分数计为 20%～40%。

6. 复合硅酸盐水泥

凡由硅酸盐水泥熟料、两种或两种以上规定的混合材料、适量石膏磨细制成的水硬性胶凝材料,称为复合硅酸盐水泥,简称复合水泥,代号 P·C。水泥中混合材料掺加量按质量分数计应大于 15%,但不超过 50%。

复合水泥的强度分为 32.5、42.5、42.5R、52.5 和 52.5R 这 6 个等级。复合水泥中含有 2 种或 2 种以上规定的混合材料,因此,复合水泥的特性与其掺加混合材料的种类、掺加量及相对比例有密切关系。总体上复合水泥的特性与矿渣水泥、火山灰水泥及粉煤灰水泥有不同程度的相似之处。

硅酸盐水泥、普通硅酸盐水泥、矿渣硅酸盐水泥、火山灰质硅酸盐水泥、粉煤灰硅酸盐水泥等 5 种水泥是目前土建工程中应用最广的品种。由于各种水泥中的混合材料性质的差异,各种掺混合材料水泥与不掺混合材料水泥都具有其特点,所以,在实际工程中应适当、慎重选用。

7. 其他品种水泥

1) 铝酸盐水泥

以矾土和石灰石作为原料,经高温煅烧得到铝酸钙为主要成分的熟料,经磨细而成的水硬性胶凝材料,属于铝酸盐系列水泥。铝酸盐水泥的主要矿物成分为铝酸一钙 $CaO·Al_2O_3$(代号 CA)及其他铝酸盐。

高铝水泥具有早期强度增长快(早强)、后期强度增长不显著、水化热大、抗硫酸盐能力强、抗碱性差、耐热性好等特点。高铝水泥的早强性主要用于紧急军事工程、抢修工程等。

2) 硫铝酸盐水泥

将铝质原料(如矾土)、石灰质原料(如石灰石)和石膏以一定比例配合,煅烧成以无水硫铝酸钙为主要成分的熟料,掺加适量石膏共同磨细而成的水硬性胶凝材料,称为硫铝酸盐水泥。

硫铝酸盐水泥主要用于抢修工程、冬季施工工程、地下工程、配制膨胀水泥和自应力水泥。又因水泥液相碱度小,可用于制造玻璃纤维砂浆,同时适用于堵漏工程和预制件拼装接头等。

3）膨胀水泥

膨胀水泥是对应于空气中产生收缩的一般水泥而言。膨胀水泥拌水硬化后,体积不但不收缩,反而有所膨胀。当用膨胀水泥配制混凝土时,硬化过程产生一定数值的膨胀,可克服或改善普通混凝土所产生的缺点。

膨胀水泥由强度组分和膨胀组分组成。适合制造膨胀水泥的方法有三种:一是在水泥中掺入一定量的适当温度下烧制得到的氧化钙,氧化钙水化时产生体积膨胀;二是在水泥中掺入一定量的适当温度下烧制得到的氧化镁,氧化镁水化时产生体积膨胀;三是在水泥石中形成钙矾石,产生体积膨胀。

膨胀水泥的用途有两种:第一种是配制收缩补偿混凝土,用于要求防止混凝土收缩裂缝及防止混凝土构件最初尺寸变化的场合,主要用于制造混凝土构件、堵漏工程、修补工程、大型机械基座固定等;第二种是配制自应力混凝土,这种混凝土所用的膨胀水泥通常膨胀值大,硬化后的混凝土有较大的自应力,即由化学应力而获得预加的压应力,主要用于制造需要低预应力值的构件,如墙板、楼板和屋面板等。

小贴士

图4-3所示为港珠澳大桥,是中华人民共和国境内一座连接香港、广东珠海和澳门的桥隧工程,位于广东省珠江口伶仃洋海域内,为珠江三角洲地区环线高速公路南环段。港珠澳大桥东起香港国际机场附近的香港口岸人工岛,向西横跨南海伶仃洋水域接珠海和澳门人工岛,止于珠海洪湾立交;桥隧全长55 km,主桥29.6 km,香港口岸至珠澳口岸41.6 km;桥面为双向六车道高速公路。

港珠澳大桥主桥为三座大跨度钢结构斜拉桥,每座主桥均有独特的艺术构思。其中青州航道桥塔顶结型撑吸收"中国结"文化元素,将最初的直角、直线造型"曲线化",使桥塔显得纤巧灵动、精致优雅。江海直达船航道桥主塔塔冠造型取自"白海豚"元素,与海豚保护区的海洋文化相结合。九洲航道桥主塔造型取自"风帆"元素,寓意"扬帆起航",与江海直达船航道塔身形成序列化造型效果,桥塔整体造型优美、亲和力强,具有强烈的地标韵味。东西人工岛汲取"蚝贝"元素,寓意珠海横琴岛盛产蚝贝。香港口岸的整体设计富于创新,且美观、符合能源效益。旅检大楼采用波浪形的顶篷设计,为支撑顶篷,大楼的支柱呈树状,下方为圆锥形,上方为枝杈状展开。最靠近珠海市的收费站为弧形,前面是一个钢柱,后面有几根钢索拉住,就像一个巨大的锚。大桥水上和水下部分的高差近100 m,既有横向曲线又有纵向高低,整体如一条丝带一样纤细轻盈,把多个节点串起来,寓意"珠联璧合"。前山河特大桥采用波形钢腹板预应力组合箱梁方案,采用符合绿色生态特质的天蓝色涂装方案,造型轻巧美观;桥体矫健轻盈,似长虹卧波,天蓝色波形腹板与前山河水道遥相辉映,如同水天一色,为珠海形成一道绚丽的风景线。

图 4-3 港珠澳大桥

(1)什么是水泥混合料?

(2)什么是活性混合料、非活性混合料?

(3)名词解释:矿渣硅酸盐水泥、火山灰质硅酸盐水泥、粉煤灰硅酸盐水泥、复合硅酸盐水泥。

模块五 混凝土

任务 1 普通水泥混凝土

学习目标

知识目标

(1)熟悉混凝土的概念。

(2)掌握新拌水泥混凝土的工作性。

(3)熟悉影响水泥混凝土的工作性的主要因素。

能力目标

(1)能说出水泥混凝土的特点。

(2)能说出混凝土的应用范围。

素质目标

(1)培养学生保护环境的品质。

(2)培养学生锐意进取的精神。

任务分析

本任务学习混凝土、水泥混凝土、新拌水泥混凝土的工作性,以及影响工作性的主要因素等内容。

任务准备

混凝土是当代最主要的土木工程材料之一。它是由胶凝材料、颗粒状集料(也称为骨料)、水,以及必要时加入的外加剂和掺和料按一定比例配制,经均匀搅拌、密实成型、养护硬化而成的一种人工石材。

混凝土有哪些工作性呢?

知识准备

1. 混凝土

混凝土是用胶凝材料将粗细集料聚集在一起形成坚硬整体,并具有一定强度的复合材料。

混凝土材料具有以下特点:原材料丰富,能就地取材,生产成本低;耐久性好,适用性强;具有良好的可塑性,且性能可以人为调节;维修工作量小,折旧费用低;作为基材组合或复合其他材料的能力强;可有效利用工业废渣。

水泥混凝土是以水泥为结合料,将矿质材料胶结成为具有一定力学性质的一种复合材料的总称。普通水泥混凝土是以水泥为结合料,用普通砂石为集料并以水为原材料,按专门设计的配合比经搅拌、成型、养护而得到的复合材料。

2. 水泥混凝土的分类

1)依据密度

依据密度,混凝土可以划分为重混凝土($\rho_0 > 2600\ kg/m^3$)、普通混凝土($\rho_0 = 2000 \sim 2600\ kg/m^3$)及轻混凝土($\rho_0 < 2000\ kg/m^3$);目前日常使用最多的为普通混凝土,重混凝土一般应用于防辐射工程等,轻混凝土一般应用在保温隔热工程中。

2)依据用途

依据用途,混凝土可分为结构混凝土、防水混凝土、道路混凝土、防辐射混凝土、大体积混凝土、耐酸碱混凝土等。

3)依据生产和施工工艺

依据生产和施工工艺,混凝土可分为预拌混凝土(商品混凝土)、泵送混凝土、喷射混凝土、碾压混凝土、离心混凝土。

4)依据流动性

依据流动性,混凝土可分为干硬性混凝土(坍落度小于 10 mm)、塑性混凝土(坍落度为 10~90 mm)、流动性混凝土(坍落度为 100~150 mm)、大流动性混凝土(坍落度大于 160 mm),目前使用最多的是流动性和大流动性混凝土,即现浇混凝土。

5)依据强度等级

依据强度等级,混凝土可划分为超高强混凝土($\geq 100\ MPa$)、高强混凝土($\geq 60\ MPa$)、普通混凝土(10～60 MPa)。

3. 新拌水泥混凝土的工作性

水泥混凝土在尚未凝结硬化以前,称为新拌混凝土或混凝土拌和物。混凝土拌和物的工作性是指混凝土拌和物易于各施工工序施工操作(搅拌、运输、浇筑、捣实)并能获得质量均匀、成型密实的混凝土的性能。对于不同的施工方式,其要求的工作性也不同。

新拌混凝土工作性的测定方法是先测定混凝土拌和物的流动性,辅以其他方法或经验,结合直观观察来评定混凝土的工作性。我国通常采用坍落度试验和维勃稠度试验来测定新拌和混凝土的流动性。

1) 流动性

流动性是指新拌混凝土在自重及施工振捣的作用下,能产生流动,并均匀密实地填满模板包围钢筋的能力。流动性的大小,反映混凝土拌和物的稀稠,直接影响着浇捣施工的难易和混凝土的质量;流动性通常用坍落度、扩展度等指标来进行表征。

2) 保水性

保水性是指混凝土拌和物具有一定的保持内部水分的能力,在施工过程中不致产生严重的泌水现象;保水性差的混凝土拌和物,在施工过程中,一部分水易从内部析出至表面,在混凝土内部形成泌水通道,使混凝土的密实性变差,降低混凝土的强度和耐久性。保水性反映混凝土拌和物的稳定性。

3) 黏聚性

黏聚性是指新拌混凝土在施工振捣时,能够保持自身的稳定、团聚、匀质而不离析、不泌水的性质。黏聚性是指混凝土拌和物内部组分之间具有一定的凝聚力,在运输和浇筑过程中不致发生分层离析现象,使混凝土保持整体均匀的性能。黏聚性差的混凝土拌和物,在施工过程中易出现分层、离析现象。离析指混凝土拌和物各组分分离,造成不均匀和失去连续性的现象。离析常有两种形式:粗集料从混合料中分离,稀水泥浆从混合料中淌出。分层指混凝土浇筑后由于重力沉降产生的不均匀分布现象;混凝土的黏聚性通常采用目测的方式来观察。

混凝土拌和物的流动性、黏聚性、保水性,三者之间互相关联又互相矛盾。如黏聚性好则保水性往往也好,但当流动性增大时,黏聚性和保水性往往变差,反之亦然。所谓拌和物的工作性良好,就是要使这三方面的性能在某种具体条件下,均达到良好。

4. 影响水泥混凝土的工作性的主要因素

(1) 水泥浆的数量和水灰比。

(2)水泥浆的稠度。

(3)水泥的砂率。

(4)水泥的品种和集料的性质。

(5)水泥的外加剂。

(6)温度、搅拌时间。

小贴士

混凝土是由胶凝材料将集料胶结成整体的工程复合材料的统称。通常讲的混凝土是指用水泥作胶凝材料,砂、石作集料,与水(可含外加剂和掺和料)按一定比例配合,经搅拌而得的水泥混凝土,也称普通混凝土,它广泛应用于土木工程。

混凝土具有原料丰富,价格低廉,生产工艺简单等特点,因而其用量越来越大。同时混凝土还具有抗压强度高,耐久性好,强度等级范围宽等特点。这些特点使其使用范围十分广泛,不仅在各种土木工程中使用,在造船业、机械工业、海洋的开发、地热工程等中,混凝土也是重要的材料。

思考题

(1)混凝土有什么特点?

(2)新拌水泥混凝土的工作性有哪些?

(3)影响水泥混凝土工作性的主要因素有哪些?

任务 2　混凝土的力学性能

学习目标

知识目标

(1) 熟悉混凝土强度的概念及分类。
(2) 掌握影响混凝土抗压强度的因素。
(3) 掌握混凝土变形的相关知识。

能力目标

(1) 能说出工程中对混凝土强度的要求。
(2) 能知道混凝土变形对工程应用的影响。

素质目标

(1) 培养学生工作严谨的态度。
(2) 培养学生探索创新的精神。

任务分析

本任务学习混凝土抗压强度、混凝土强度等级、混凝土轴线抗压强度、混凝土劈裂抗压强度、影响混凝土抗压强度的因素、混凝土变形特点等内容。

任务准备

对于建设工程而言，其使用量最大的材料即为混凝土，也是人们日常生活中司空见惯的材料。但是多数人对混凝土的力学性能了解得很少。

那么混凝土有哪些力学性能呢？

知识准备

1. 混凝土强度

混凝土硬化后的最重要的力学性能是混凝土抵抗压、拉、弯、剪等应力的能力。水灰比、水泥品种和用量、集料的品种和用量，以及搅拌、成型、养护，都直接影响混凝土的强度。混凝土按标准抗压强度（以边长为 150 mm 的立方体为标准试件，在标准养护条件下养护28天,按照标准试验方法测得的具有95%保证率的立方体抗压强度)划分的强度等级,称为标号,有C10、C15、C20、C25、C30、C35、C40、C45、C50、C55、C60、C65、C70、C75、C80、C85、C90、C95、C100共19个等级。混凝土的抗拉强度仅为其抗压强度的1/20~1/10。提高混凝土抗拉、抗压强度的比值是混凝土改性的重要方面。

(1)混凝土抗压强度。

混凝土按照标准的制作方法制成边长为150 mm的立方体试件,在标准养护条件下养护至龄期,按照标准方法测定的抗压强度值称为混凝土立方体抗压强度。

混凝土立方体抗压强度标准值是按照标准方法制作养护的边长为150 mm的立方体试件,在龄期用标准试验方法测得的具有95%保证率的立方体抗压强度。

(2)混凝土强度等级。

混凝土强度等级根据立方体抗压强度标准值确定。强度等级的表示方法是用符号C和立方体抗压强度标准值表示。例如,"C40"表示混凝土立方体抗压强度标准值为40 MPa。

由于混凝土强度与混凝土的其他性能关系密切,一般来说,混凝土的强度愈高,其刚性、不透水性、抵抗风化和某些侵蚀介质的能力也愈高,通常用混凝土强度来评定和控制混凝土的质量。混凝土的强度包括:抗压强度、抗拉强度、抗弯强度、抗剪强度、钢筋的黏结强度等。由于抗压强度与其他强度有良好的相关性,因此,抗压强度常作为评定混凝土质量的指标,并作为确定强度等级的依据。依据混凝土立方体抗压强度标准值,将普通混凝土划分为14个等级,即:C15、C20、C25、C30、C35、C40、C45、C50、C55、C60、C65、C70、C75、C80。

(3)混凝土轴心抗压强度。

一般是采用立方体试件确定混凝土强度等级,但实际上钢筋混凝土结构形式极少是立方体,大部分是棱柱体或圆柱体。为使测得的混凝土强度尽量符合混凝土结构的实际受力情况,在钢筋混凝土结构计算中,计算轴心受压构件时,采用混凝土的轴心抗压强度作为依据。混凝土轴心抗压强度标准值可以通过与混凝土立方体抗压强度标准值换算得到。

(4)混凝土劈裂抗拉强度。

混凝土在直接受拉时,很小的变形就会导致开裂,它在断裂前没有残余变形,是一种脆性破坏。混凝土的抗拉强度只有抗压强度的1/20~1/10,且随着混凝土强度等级的提高,比值有所降低。因此,混凝土在工作时一般不依靠其抗拉强度,但抗拉强度对于混凝土开裂现象有重要意义。在结构设计中抗拉强度是确定混凝土抗裂度的重要指标。

2. 影响混凝土抗压强度的因素

（1）水泥强度等级和水灰比。

（2）养护温度和湿度。

（3）龄期。

（4）集料。

3. 变形

混凝土在荷载或温湿度作用下会产生变形，主要包括弹性变形、塑性变形、收缩和温度变形等。混凝土在短期荷载作用下的弹性变形主要用弹性模量表示。在长期荷载作用下，应力不变，应变持续增加的现象称为徐变；应变不变，应力持续减少的现象称为松弛。由于水泥水化、水泥石的碳化和失水等原因产生的体积变形，称为收缩。

硬化后水泥混凝土的变形，包括非荷载作用下的化学变形、干湿变形和温度变形，以及荷载作用下的弹塑性变形和徐变。

1）非荷载作用变形

（1）化学收缩。混凝土拌和物因水泥水化产物的体积比反应前物质的总体积要小，因而产生收缩，称为化学收缩。

（2）干湿变形。干湿变形主要表现为干缩湿胀。通过调节集料级配、增大粗集料的粒径、减少水泥浆用量、降低水灰比、适当选择水泥品种，或者采用振动捣实、早期养护等措施来减小混凝土的干缩。

（3）温度变形。混凝土同样具有热胀冷缩的性质。对大体积混凝土工程，应设法降低混凝土的发热量。

2）荷载作用变形

混凝土是一种弹塑性体，在短期荷载作用下，既能产生可以恢复的弹性变形，又能产生不可恢复的塑性变形，其应变随着应力的增加而增加，应变随应力变化的关系表现为曲线。另外，混凝土在长期荷载作用下，随时间的延长而增加的变形，称为徐变，又称蠕变。

小贴士

混凝土压力试验机是根据国家标准《普通混凝土力学性能试验方法标准》（GB/T 50081—2002）进行测量和判断混凝土的性能参数，显示试验数据及结果研制开发的试验机产品，如图 5-1 所示。

图 5-1　混凝土压力试验机

思考题

(1)名词解释:混凝土的抗压强度、混凝土强度等级、混凝土轴心抗压强度。

(2)影响混凝土抗压强度的因素有哪些?

(3)硬化后,混凝土的变形有什么特点?

任务 3　混凝土的耐久性

学习目标

知识目标

(1)熟悉混凝土耐久性的概念。

(2)掌握混凝土耐蚀性的相关知识。

(3)掌握混凝土的抗渗性、混凝土的碳化、混凝土的耐磨性等内容。

(4)理解混凝土的碱集料反应。

能力目标

(1)能领会混凝土耐久性要求的必要性。

(2)能阐述一些提高混凝土耐久性的措施。

素质目标

(1)培养学生保护环境的意识。
(2)培养学生探索新事物的能力。

任务分析

本任务学习混凝土耐久性的概念、混凝土的抗渗性、混凝土的碳化、混凝土的耐蚀性、混凝土的耐磨性、混凝土的碱集料反应,如何提高混凝土的耐久性等内容。

任务准备

混凝土的耐久性是指混凝土在实际使用中抵抗各种破坏因素的作用,长期保持强度和外观完整性的能力。混凝土耐久性是指结构在规定的使用年限内,在各种环境条件作用下,不需要额外的费用加固处理而保持其安全性、正常使用和可接受的外观能力。

那么混凝土的耐久性包括哪些内容呢?

知识准备

1. 混凝土的特性

(1)混凝土的耐久性。

混凝土的耐久性是指混凝土抵抗环境介质作用并长期保持其良好的使用性能和外观完整性,从而维持混凝土结构的安全、正常使用的能力。混凝土的耐久性能包括抗水渗透性能、抗氯离子渗透性能、抗冻性能,以及抗碳化性能等。其中抗水渗透性能通常以抗渗等级来表示,抗渗等级是以 28d 龄期的标准试件,在标准试验方法下所能承受的最大静水压来确定的。抗渗等级有 P4、P6、P8、P10、P12 5 个等级,表示能抵抗 0.4 MPa、0.6 MPa、0.8 MPa、1.0 MPa、1.2 MPa 的静水压力而不渗透。抗氯离子渗透性能常采用快速氯离子迁移数法(RCM 法)和电通量法进行表征,采用氯离子扩散系数和电通量来评价混凝土抵抗氯离子渗透的能力。在寒冷地区,特别是在有水又受冻的环境下的混凝土要求具有较高的抗冻性,其抗冻性通过水冻法和盐冻法来表征。混凝土的碳化是指混凝土内水泥石中的氢氧化钙与空气中的二氧化碳,在湿度相宜时发生化学反应,生成碳酸钙和水,也称中性化;常采用碳化深度来进行表征,当碳化深度穿透混凝土保护层达到钢筋表面时,钢筋因钝化膜被破坏而发生锈蚀,此时产生体积膨胀,致使混凝土保护层产生开裂。混凝土耐久性的指标主要有抗冻性、抗渗性和耐蚀性等。

(2)混凝土的抗冻性。

抗冻性指混凝土在吸水饱和状态下,抵抗多次反复冻融循环而不破坏,同时也不严重降低其各种性能的能力。混凝土抗冻性用抗冻等级表示。抗冻等级是以28d龄期的标准试件,在浸水饱和状态下,进行冻融循环试验,以抗压强度损失不超过25%,且重量损失不超过5%时所承受的最大冻融循环次数来确定。混凝土的抗冻等级用F表示,分为F50、F100、F150、F200、F250、F300、F350、F400和>F400这9个等级。F200表示混凝土在强度损失不超过25%且重量损失不超过5%时所能承受的最大冻融循环次数为200。提高混凝土抗冻性最有效的方法是加入引气剂、减水剂和防冻剂或配制密实混凝土。

(3)混凝土的耐蚀性。

环境介质对混凝土的化学腐蚀主要是对水泥石的侵蚀。混凝土的耐蚀性与所选用水泥的品种、混凝土的密实程度和孔隙特征有关。所以提高混凝土的耐蚀性的措施有合理选择水泥品种、降低水灰比、提高密实度和改善孔结构等。

(4)混凝土的抗渗性。

混凝土的抗渗性是指混凝土抵抗水、油等液体在压力作用下渗透的性能。混凝土的抗渗性主要与其密实程度及内部孔隙的大小和构造有关。因此,可采用降低水灰比、采用减水剂、掺加引气剂等措施,以提高密实度和改善孔结构来增强混凝土的抗渗性。

混凝土的抗渗性用其抗渗等级来衡量。抗渗等级是以28d龄期的标准试件,用标准方法进行试验,以每组六个试件,四个试件出现渗水时,所能承受的最大静压力(单位为MPa)来确定。混凝土的抗渗等级用代号P表示,分为P4、P6、P8、P10、P12和>P12这6个等级。P4表示混凝土能抵抗0.4 MPa的液体压力而不渗漏。

(5)混凝土的碱集料反应。

水泥混凝土中的碱(K_2O或Na_2O)与某些活性集料发生化学反应,可引起混凝土产生膨胀、开裂甚至破坏,这种化学反应称为碱集料反应。含有这种碱活性矿物的集料,称为碱活性集料。碱集料反应有碱-硅反应与碱-碳酸盐反应等。

发生碱集料反应必须具备三个条件:一是混凝土中的集料具有活性;二是混凝土中含有可溶性碱;三是有一定的湿度。

(6)混凝土的碳化。

混凝土的碳化是指环境中的二氧化碳和水泥石中的氢氧化钙反应,生成碳酸钙和水,从而使混凝土中的碱度降低(中性化)的现象。

混凝土的碳化使得混凝土中的钢筋因失去碱性的保护而锈蚀,而且碳化收缩还会引起混凝土微细裂缝,降低混凝土的强度。

(7)混凝土的耐磨性。

耐磨性是路面和桥梁用混凝土的重要性能之一。作为高级路面的水泥混凝土,必须具有抵抗车辆轮胎磨耗和磨光的性能。大型桥梁的墩台用水泥混凝土也要具有抵抗湍流空蚀的能力。

2. 如何提高混凝土耐久性

(1)掺入高效减水剂。

在保证混凝土拌和物所需流动性的同时,尽可能降低用水量,减少水灰比,可以使混凝土的总孔隙,特别是毛细管孔隙率大幅度降低。水泥在加水搅拌后,会产生一种絮凝状结构,这些絮凝状结构包裹着许多拌和水,会降低新拌混凝土的耐久性。

(2)掺入高效活性矿物掺料。

普通水泥混凝土的水泥石中水化物稳定性不足,是混凝土不耐久的主要原因之一。在普通混凝土中掺入活性矿物可以提高混凝土中水泥石胶凝物质的占比。

(3)消除混凝土自身的结构破坏因素。

除了环境因素引起的混凝土结构破坏以外,混凝土本身的一些物理化学因素,也可能引起混凝土结构的严重破坏,致使混凝土失效。限制或消除从原材料引入的碱、三氧化硫等会破坏结构和侵蚀钢筋的物质的含量,加强施工控制环节,避免收缩及温度裂缝产生,以提高混凝土的耐久性。

小贴士

混凝土质量传统的检测方法有渗水法(抗渗标号法、渗透高度法、渗透系数法)、渗油法、透气法(氧气、氮气等)。现行中国混凝土渗透性评价方法为抗渗标号法。检测设备为国家技术监督局认定的标准 HS-40 型混凝土渗透仪。有些标准对于 C30 以下的普通混凝土是有效的,对于现代混凝土,特别是高性能混凝土,已不适用。

NEL 法是清华大学建立起来的混凝土渗透性的快速测定方法。NEL 法是利用 Nernst-Einstein 方程,通过快速测定混凝土中氯离子扩散系数来评价混凝土渗透性的新方法,1997 年获得国家发明专利。NEL 法既适用于普通混凝土,也适用于高性能混凝土,运用此方法可在 8 分钟内快速测定 C20—C100 的混凝土渗透性。其稳定性、准确性、检测范围皆已达到了很高水平。NEL 法已被众多的科研单位、质检单位、施工单位广泛使用,并列入 2004 中国土木工程学会标准 CCES01—2004,作为当前混凝土结构耐久性设计与施工中检测混凝土渗透性的先进方法推广使用。NEL 法还成功用于高达 120 MPa、

200 MPa、800 MPa 混凝土渗透性的检测,是世界上混凝土渗透性评价方法中检测范围广、检测速度最快的方法。经过多年应用证明 NEL 法简便、可靠。NEL 法与 ASTMC1202 法一致,对于高抗性混凝土,NEL 法准确、分辨率高,可区分不同养护方式对相同配合比混凝土渗透性的影响。如图 5-2 所示为混凝土表面蜂窝麻面。

图 5-2 混凝土表面蜂窝麻面

(1)什么是混凝土的耐久性?
(2)混凝土的耐久性包括哪些内容?
(3)如何提高混凝土的耐久性?

任务 4　普通水泥混凝土组成材料

学习目标

知识目标

(1)掌握水泥混凝土组成成分及要求。
(2)掌握混凝土掺和料的种类。
(3)掌握混凝土制备过程。

能力目标

(1)能阐述水泥混凝土形成机制原理。
(2)能描述混凝土掺和料的性能特点。

素质目标

(1)培养学生节约能源的意识。

(2)培养学生团队协作的精神。

任务分析

本任务学习水泥混凝土的组成、混凝土掺和料、混凝土制备等内容。

任务准备

混凝土具有原料丰富,价格低廉,生产工艺简单等特点,因而其用量越来越大。同时混凝土还具有抗压强度高,耐久性好,强度等级范围宽等特点。

在建筑施工过程中经常会用到混凝土,那么混凝土是由什么组成的呢?混凝土是如何制备的呢?

知识准备

1. 水泥混凝土的组成

普通混凝土是由水泥、粗集料(碎石或卵石)、细集料(砂)、外加剂和水拌和,经硬化而成的一种人造石材。砂、石在混凝土中起骨架作用,并抑制水泥的收缩;水泥和水形成水泥浆,包裹在粗细集料表面并填充集料间的空隙。水泥浆体在硬化前起润滑作用,使混凝土拌和物具有良好的工作性能,硬化后将集料胶结在一起,形成坚硬的整体。

1)水泥

水泥是混凝土的胶凝材料,混凝土的性能很大程度上取决于水泥的质量。配制混凝土时,常用的水泥有六大品种,在特殊情况下,还可采用特种水泥。另外,水泥强度等级应与混凝土设计强度等级相适宜,一般以水泥强度等级为混凝土强度等级的1.0~1.5倍为宜。

2)细集料(砂)

混凝土中粒径为0.16~5 mm的集料称为细集料。一般为天然砂,如河砂、海砂及山砂等。砂的粗细颗粒应合理搭配,不同颗粒等级的搭配称为级配。砂的粗细程度还可以用细度模数表示。细度模数越大,表示砂越粗。砂的细度模数只反映颗粒的粗细程度,而不能反映出颗粒的级配情况。细度模数相同而级配不同的砂,可以配制出性质不同的混凝土。

3）粗集料（石）

混凝土中粒径大于 5 mm 的集料称为粗集料，通常为石子，主要有碎石和卵石等。天然石经人工破碎筛分而成的称为碎石。碎石多棱角，表面粗糙，与水泥浆黏结好。天然石经河水冲刷而成为卵石。卵石表面圆滑，无棱角，与水泥浆黏结差。假如水泥和水用量相同，用碎石配制的混凝土强度高，但流动性差，而用卵石配制的混凝土流动性好，但强度较低。

(1) 为保证混凝土的强度，要求粗集料必须具备足够的强度和抗碎裂的能力。

(2) 为保证混凝土的密实性，尽量节约水泥用量，要求粗集料颗粒搭配比例适当，使集料之间的空隙最小，以减少填充空隙和包裹颗粒所需水泥浆的数量。

(3) 粗集料中的有害物质含量要加以控制。

4）混凝土拌和用水

用于拌制和养护混凝土的水，不应含有影响混凝土正常凝结和硬化的有害杂质、油质和糖类等。通常凡是能饮用的自来水或者清洁的天然水都可以用于拌和混凝土。酸性水、含硫酸盐或氯化物及遭受污染的水和海水都不宜用来拌和混凝土。

5）混凝土外加剂

混凝土外加剂目前被称为混凝土的第五种组分。混凝土外加剂在混凝土拌制过程中掺入量一般不大于水泥质量的 5%，是用于提高混凝土性能的材料。

混凝土外加剂按其主要功能可归纳为四类：一是改善混凝土拌和物流动性能的外加剂；二是调节混凝土凝结时间、硬化性能的外加剂；三是改善混凝土耐久性的外加剂；四是改善混凝土其他性能的外加剂。

混凝土常用的外加剂有减水剂、引气剂、缓凝剂和早强剂。

(1) 减水剂是在混凝土坍落度基本相同的条件下，能减少拌和用水的外加剂。

(2) 引气剂是掺入混凝土中，经搅拌能引入大量分布均匀的微小气泡，以改善混凝土拌和物的和易性，并在硬化后仍能保留微小气泡以改善混凝土抗冻性的外加剂。

(3) 缓凝剂是延缓混凝土凝结时间，并对其后期强度无不良影响的外加剂。

(4) 早强剂是提高混凝土早期强度，并对后期强度无显著影响的外加剂。

2. 混凝土掺和料

混凝土第六组分是指除水泥、水、砂、石及化学外加剂之外的，用于节约水泥、改善混凝土性能、调节混凝土强度等级或增加其功能或赋予其智能的成分。常用的第六组分是天然或人造的矿物材料，统称为混凝土掺和料。常用的矿物掺和料主要有硅灰、粉煤灰、粒化高炉矿渣粉等。

1）粉煤灰

粉煤灰是由燃烧煤粉的锅炉烟气中收集到的细粉末，其颗粒多呈球形，表面光滑。粉煤灰分为高钙粉煤灰（氧化钙含量大于10%）和低钙粉煤灰（氧化钙含量小于10%）。

粉煤灰作为混凝土掺和料有两个方面的作用：一是节约水泥（一般可节约10%～15%的水泥），有显著的经济效益；二是提高混凝土的一些技术性能。

2）硅灰

硅灰又称硅粉或硅烟灰，是从生产硅铁合金或硅钢等所排放的烟气中收集到的颗粒极细的烟尘，颜色呈浅灰到深灰。硅灰作为混凝土掺和料主要有改善混凝土拌和物的黏聚性和保水性，提高混凝土强度，改善混凝土孔结构，提高混凝土抗渗性、抗冻性及耐蚀性，抑制碱集料反应等作用。

3）粒化高炉矿渣粉

粒化高炉矿渣粉是将粒化高炉矿渣经干燥、磨细达到相当细度且符合相应活性指数的粉状材料。粒化高炉矿渣粉作为混凝土的掺和料，可等量替代水泥用量，而且还能显著地改善混凝土的综合性能。

3. 混凝土制备过程

1）折叠配合比设计

制备混凝土时，首先应根据工程对和易性、强度、耐久性等的要求，合理地选择原材料并确定其配合比例，以达到经济适用的目的。混凝土配合比的设计通常按水灰比法则的要求进行。材料用量的计算主要用假定容重法或绝对体积法。

2）混凝土搅拌机

根据不同施工要求和条件，混凝土可在施工现场或搅拌站集中搅拌。流动性较好的混凝土拌合物可用自落式搅拌机；流动性较小或干硬性混凝土宜用强制式搅拌机搅拌。搅拌前应按配合比要求配料，控制称量误差。投料顺序和搅拌时间对混凝土质量均有影响，应严加掌握，使各组分材料拌和均匀。

3）输送与灌筑

混凝土拌和物可用料斗、皮带运输机或搅拌运输车输送到施工现场。其灌筑方式有人工灌筑或借助机械灌筑。采用混凝土泵输送与灌筑混凝土拌和物，效率高，每小时可达数百立方米。无论是混凝土现浇工程,还是预制构件,都必须保证灌筑后混凝土的密实性。保证密实性的方法主要为振动捣实,也有采用离心、挤压和真空作业等的。掺入了某些高效减水剂的流态混凝土,则可不振捣。

4)养护

养护的目的是创造适当的温湿度条件,保证或加快混凝土的正常硬化。不同的养护方法对混凝土性能有不同影响。常用的养护方法有自然养护、蒸汽养护、干湿热养护、蒸压养护、电热养护、红外线养护和太阳能养护等。养护经历的时间称养护周期。为了便于比较,规定测定混凝土性能的试件必须在标准条件下进行养护。中国采用的标准养护条件:温度为(20±2)℃,湿度不低于95%。

小贴士

图 5-3 所示为混凝土搅拌站,混凝土搅拌站是用来集中搅拌混凝土的联合装置,又称混凝土预制场。由于它的机械化、自动化程度较高,所以生产率很高,还能保证混凝土的质量且能节省水泥,常用于混凝土工程量大、工期长、工地集中的大、中型水利、电力、桥梁等工程。随着市政建设的发展,采用集中搅拌、提供商品混凝土的搅拌站具有很大的优越性,因而得到迅速发展,并为推广混凝土泵送施工,实现搅拌、输送、浇筑机械联合作业创造条件。

图 5-3 混凝土搅拌站

一般来说,混凝土搅拌站分为固定搅拌站与移动搅拌站两大类,这也是很多生产厂家在生产时首先进行的分类。固定搅拌站大部分也采用了模块化易拼接设计,主要用于大型商品混凝土厂家或者混凝土构件相关生产厂家之中,也可以用于大型工程建设之中,特点是生产能力强,工作稳定抗干扰性好。而移动搅拌站由一个拖挂单元牵引,机动性好,使生产更加灵活,一般用于各种中小型临时施工项目,外租自用皆可。

混凝土搅拌站按照用途分,可以分为商品混凝土搅拌站和工程混凝土搅拌站,商品搅拌站是以商用目的为主的混凝土搅拌站,应该具备高效性和经济性,同时满足环保型要求,工程混凝土搅拌站以自用为目的,要考虑与自身工程是否符合。

混凝土搅拌站是由搅拌主机、物料称量系统、物料输送系统、物料贮存系统、控制系统五大组成系统和其他附属设施组成的建筑材料制造设备,其工作的主要原理是以水泥为胶结材料,将砂石、石灰、煤渣等原料进行混合搅拌,最后制作成混凝土,作为墙体材料投入建设生产。混凝土搅拌站自投入使用以来,在我国建筑建材业一直发挥着重要作用,当然这也是由混凝土搅拌站本身所具备的优越的特性所决定的。

混凝土搅拌站主要分为砂石给料、粉料给料、水与外加剂给料、传输搅拌与存储四个部分,设备通身采用整体钢结构铸造,优质 H 型钢不仅外观美观大方,还加强了混凝土搅拌站的整体结构强度,设备安装便捷,可应用于各种复杂的地形结构。

混凝土搅拌站拥有良好的搅拌性能,设备采用螺旋式双卧轴强制式搅拌主机,不仅搅拌能力强,对于干硬性、塑性以及各种配比的混凝土均能达到良好的搅拌效果,且搅拌均匀,效率高。

混凝土搅拌站不仅具有优良的搅拌主机,还具备各种精良配件,如螺旋输送机、计量传感器、气动元件等,这些部件保证了混凝土搅拌站在运转过程中高度的可靠性、精确的计量技能,以及超长的使用寿命。同时,混凝土搅拌站各维修保养部位均设有走台或检梯,且具有足够的操纵空间,搅拌主机可配备高压自动清洗系统,具有缺油和超温自动报警功能,便于设备维修。

混凝土搅拌站拥有环保装置,在机器运转过程中,粉料相关操作均在全封锁系统内进行,粉罐采用高效收尘器或雾喷的方法大大降低了粉尘对环境的污染,同时混凝土搅拌站对气动系统排气和卸料设备均采用消声装置有效降低了噪声污染。

思考题

(1)水泥混凝土由哪些成分组成?

(2)混凝土掺和料有哪些?

(3)简述混凝土的制备过程。

任务 5　特种混凝土

学习目标

知识目标

(1)熟悉高性能混凝土的概念及特性。
(2)掌握高强混凝土、喷射混凝土、膨胀混凝土的应用范围。
(3)掌握流态混凝土、轻集料混凝土、大体积混凝土、钢管混凝土的特性。

能力目标

(1)能说出特种混凝土的类型及特点。
(2)能合理选择应用特种混凝土。

素质目标

(1)培养学生的创新意识。
(2)培养学生的团队协作精神。

任务分析

本任务学习高性能混凝土的概念及特性、特种混凝土种类、高强混凝土、喷射混凝土、膨胀混凝土、流态混凝土、轻集料混凝土、大体积混凝土、钢管混凝土等内容。

任务准备

随着建筑行业的快速发展,对混凝土的需求提出了更多新的要求,陆续出现了能满足不同要求的特种混凝土。

那么特种混凝土有哪些种类,这些种类各自有什么特殊性质呢?

知识准备

1.高性能混凝土

1)高性能混凝土的概念

高性能混凝土是采用常规材料和工艺生产,具有混凝土结构所要求的各项力学性能,具有高耐久性、高工作性和高体积稳定性的混凝土。这种混凝土特别适用于高层建筑、桥梁及暴露在严酷环境中的建筑。

高性能混凝土和高强度混凝土不能混为一谈。混凝土的性能既包括力学性能,也包括非力学性能。高性能混凝土比高强度混凝土具有更为有利于工程长期安全使用与施工的优异性能,未来高性能混凝土比高强度混凝土有更为广阔的应用前景。

高性能混凝土与普通混凝土相比在配制时有其特殊的要求:必须掺入与水泥具有相容性的高效减水剂,以降低水灰比;必须掺入一定活性的磨细掺和料,例如硅灰、磨细矿渣、优质粉煤灰等;选用合适的集料,特别是粗集料。

2) 高性能混凝土的特性

(1) 自密实性好。

高性能混凝土的用水量较低,流动性好,抗离析性好,具有较优异的填充性。因此,配合比恰当的大流动性高性能混凝土有较好的自密实性。

(2) 体积稳定性高。

高性能混凝土的体积稳定性较高,具有高弹性模量、低收缩与徐变、低温度变形等性能。普通混凝土的弹性模量为 20~25 GPa,采用适宜的材料与配合比的高性能混凝土弹性模量可达 40~50 GPa。采用高弹性模量、高强度的粗集料并降低混凝土中水泥浆体的含量,选用合理的配合比配制的高性能混凝土 90 天龄期的干缩值低于 0.04%。

(3) 强度高。

高性能混凝土的抗压强度已超过 200 MPa。28 d 平均强度介于 100~120 MPa 的高性能混凝土已在工程中应用。高性能混凝土抗拉强度与抗压强度值比高强度混凝土有明显增加,高性能混凝土的早期强度发展较快,而后期强度的增长率却低于普通强度混凝土。

(4) 水化热低。

由于高性能混凝土的水灰比较低,会较早地终止水化反应,因此,水化热较低。

(5) 收缩量小。

高性能混凝土的总收缩量与其强度成反比,强度越高总收缩量越小。但高性能混凝土的早期收缩率,随着早期强度的提高而增大。相对湿度和环境温度仍然是影响高性能混凝土收缩性能的两个主要因素。

(6) 徐变少。

高性能混凝土与普通强度混凝土相比较,高性能混凝土的徐变总量(基本徐变与干燥徐变之和)有显著减少。

(7)耐久性好。

高性能混凝土除通常的抗冻性、抗渗性明显高于普通混凝土之外,高性能混凝土的Cl^-渗透率明显低于普通混凝土。高性能混凝土具有较高的密实性和抗渗性,其耐蚀性显著优于普通强度混凝土。

(8)耐高温(火)差。

高性能混凝土在高温作用下会产生爆裂、剥落。为克服这一性能缺陷,可在高性能混凝土中掺入有机纤维,在高温下混凝土中的纤维能熔化、挥发,形成许多连通的孔隙,使高温作用产生的蒸汽压力得以释放,从而改善高性能混凝土的耐高温性能。

高性能混凝土是能更好地满足结构功能要求和施工工艺要求的混凝土,能最大限度地延长混凝土结构的使用年限,降低工程造价。

2. 特种混凝土种类

1)高强度混凝土

高强度混凝土是用普通水泥、砂石作为原料,采用常规制作工艺,主要依靠高效减水剂,或同时外加一定数量的活性矿物掺和料,使硬化后强度等级不低于C60的混凝土。一般在建筑工程中采用50~80 MPa的高强度混凝土是比较实际的。高强度混凝土对减小结构构件断面、减小建筑物重量、扩大有效的使用空间、充分发挥钢筋的抗拉作用、提高结构承载能力等方面有着优势。

(1)高强度混凝土的优点。

①高强度混凝土可减少结构断面,降低钢筋用量,增加房屋使用面积和有效空间,减轻地基负荷。

②高强度混凝土致密、坚硬,其抗渗性、抗冻性、耐蚀性、抗冲击性等诸方面性能均优于普通混凝土。

③对预应力钢筋混凝土构件,高强度混凝土由于刚度大、变形小,故可以施加更大的预应力和更早地施加预应力,以及减少因徐变而导致的预应力损失。

(2)高强度混凝土的缺点。

①高强度混凝土容易受到各施工环节中环境条件的影响,所以对其施工过程的质量管理水平要求高。

②高强度混凝土的延性比普通混凝土差。

(3)高强度混凝土的物理力学性能。

①抗压性能:与中、低强度混凝土相比密实得多,高强度混凝土的抗压性能与普通混凝土相比有相当大的差别。

②早期与后期强度:高强混凝土的水泥用量大,早期强度发展较快,特别是加入高效减水剂促进水化,早期强度更高,早期强度高的后期增长较小,掺高效减水剂的混凝土后期强度增长幅度要低于没有掺减水剂的混凝土。

③抗拉强度:混凝土的抗拉强度虽然随着抗压强度的提高而提高,但它们之间的比值却随着强度的增加而降低。劈裂抗拉强度为实测的立方体的抗压强度(Fcu)的 1/18~1/15,抗折强度约为 Fcu 的 1/12~1/8,轴拉强度约为 Fcu 的 1/24~1/20。在低强度混凝土中,这些比值均要大得多。

④收缩:高强度混凝土的初期收缩大,但最终收缩量与普通混凝土大体相同,用活性矿物拌和料代替部分水泥还可进一步减小混凝土的收缩。

⑤耐久性:混凝土的耐久性包括抗渗性、抗冻性、耐磨性及耐蚀性等。高强度混凝土在这些方面的性能均明显优于普通混凝土,尤其是外加矿物掺和料的高强度混凝土,其耐久性进一步提高。

(4)对高强度混凝土组成材料的要求。

①应选用质量稳定的硅酸盐或普通硅酸盐水泥。

②粗集料应采用连续级配,其最大公称粒径不应大于 25.0 mm。

③细集料的细度模数 2.6~3.0,含泥量不大于 2.0%。

④高强度混凝土的水泥用量不应大于 550 kg/m³。

2)喷射混凝土

喷射混凝土是借助喷射机械,将速凝混凝土喷向岩石或结构物表面,使岩石或结构物得以加强和保护。

喷射混凝土是由喷射水泥砂浆发展起来的,它主要用于矿山、竖井平巷、交通隧道等地下构筑物和混凝土支护或喷锚支护,地下水池、油罐、大型管道的抗渗混凝土施工,各种工业炉衬的快速修补,混凝土构筑物的浇筑与修补等。

3)膨胀混凝土

普通硅酸盐水泥在自然条件下硬化,具有一定的干缩性,收缩值随水泥的品种、熟料的矿物组成、水泥细度、石膏的掺入量、水灰比的大小、养护条件差异、使用环境不同而变化。

为改变普通混凝土硬化收缩的不足,通过改变或加入其他化学成分,改变水化的物化机理,使其在硬化中膨胀。配制膨胀混凝土,一般有两种途径,即利用膨胀水泥或者掺加膨胀剂。

4)流态混凝土

流态混凝土,是在浇筑之前给预拌的坍落度为 80~120 mm 的基体混凝土中掺入适量的流化剂,经过 1~5 min 的搅拌,使混凝土的坍落度增大至 200~220 mm,这种混凝土称为流态混凝土。

流态混凝土,一方面具有水泥用量较多、坍落度较大的大流动性混凝土的施工性能,便于泵送运输和浇筑,另一方面又可以有近似于坍落度 50~100 mm 的塑性混凝土的性能,既能满足施工要求,又提高了混凝土的质量。

5)纤维混凝土

纤维混凝土,又称纤维增强混凝土,是以水泥净浆、砂浆或混凝土作为基材,以非连续的短纤维或连续的长纤维作为增强材料,均匀地掺和在混凝土中而形成的一种新型增强建筑材料。

纤维混凝土是以混凝土为基体,外掺各种纤维材料而成的,掺入纤维的目的是提高混凝土的抗拉强度与降低其脆性。纤维的品种有高弹性模量纤维(如钢纤维、碳纤维、玻璃纤维等)和低弹性模量纤维(如尼龙纤维、聚丙烯纤维)两类。纤维混凝土目前已逐渐地应用在高层建筑楼面、高速公路路面,荷载较大的仓库地面、停车场、贮水池等处。

大量材料性能和工程结构试验证明,纤维混凝土对增强混凝土早期抗拉强度,防止早期由沉陷、水化热、干缩而产生的内蕴微裂纹,减少表现裂缝和开裂宽度,增强混凝土的防渗性能、抗磨损抗冲击性能及增强结构整体性有显著作用。纤维混凝土的作用如下:

(1)很好地控制混凝土的非结构性裂缝。
(2)对混凝土具有微观补强的作用。
(3)利用纤维束减少塑性裂缝和混凝土的渗透性。
(4)增强混凝土的抗磨损能力。
(5)静载试验表明纤维混凝土可替代焊接钢丝网。
(6)增加混凝土的抗破损能力。
(7)增加混凝土的抗冲击能力。

6)粉煤灰混凝土

粉煤灰混凝土技术已有数十年的发展历史。随着时代的发展及能源危机、环境污染、矿物资源枯竭等问题的出现,国内外许多专家学者纷纷致力于粉煤灰混凝土技术的研究和开发。直至 20 世纪 80 年代,终于使粉煤灰成为现代混凝土基本材料中的珍品。粉煤灰混凝土是在现代混凝土技术新潮流中发展起来的一种经济的改性混凝土。粉煤灰掺入混凝土后,不仅可以取代部分水泥,而且还能改善混凝土的性能。

7）轻集料混凝土

用轻粗集料、轻细集料（或普通砂）和水泥配制的混凝土,其干表观密度不大于 1900 kg/m³ 者,称为轻集料混凝土。由于轻集料种类较多,故轻集料混凝土常以轻集料的种类来命名,如粉煤灰陶粒混凝土、黏土陶粒混凝土、浮石混凝土、页岩陶粒混凝土等。

8）大体积混凝土

大体积混凝土是指混凝土结构物中实体最小尺寸大于 1000 mm 的部位所用的混凝土。大体积混凝土结构物,指大坝、反应堆体、高层建筑深基础底板及其他重力底座结构物等。这些结构物都是依靠其结构形状、质量和强度来承受荷载的。

大体积混凝土最主要的特点是,以大区段为单位进行施工,施工体积大。由此所带来的问题是水泥的水化热会引起温度上升高,冷却时发生裂缝。为了防止裂缝的发生,必须采取切合实际的措施。

9）钢管混凝土

钢和混凝土两种材料取长补短,能取得良好的技术经济效果。钢管混凝土就是其中的一种。

钢管混凝土中,一方面因钢管的套箍作用使得混凝土在径向变形受到约束而处于三向受力状态,其承载力大大提高。同时,钢管的套箍作用还能大大提高混凝土的塑性性能,使得混凝土尤其是高强混凝土性脆的弱点得到克服。另一方面,混凝土填充钢管之内,增强了钢管管壁的稳定性和刚度,使结构的整体稳定性大幅度提高。

小贴士

钢管混凝土拱桥的拱肋是以受压为主的构件,且一般具有跨径大及宽跨比小的特点,因此其稳定性一直以来都是桥梁工程师所关注的问题。在大跨桥梁中,由于跨度一般比较大,所以都必须采用高强度材料,而且由于跨度的增加、承载力大,就要求提高其抗震能力,从而要求结构具有较好的延性和恢复能力。钢管混凝土组合材料用于拱桥中就能很好地改善以上问题。由于钢管混凝土具有很高的承载能力,它可以减少桥梁的自重,可以很大程度上改善大跨度拱桥的抗风能力和抗震能力,在风荷载作用的横向稳定性中,使用钢管混凝土拱桥,则可以根据需要把拱肋做成合理形式的曲桁架结构,还可以获得拱肋所必须的结构刚度,在保证构件整体稳定性的基础上,使拱肋结构避风面积小,所受风荷载减少,以达到改善桥梁横向稳定性能的作用。

钢管混凝土在受压时能够产生紧箍力,这是钢管混凝土具有特殊性能的基本原因。混凝土在高应力时,其泊松比的变化超过钢材,使得它的径向变形大于钢材的径向变形,从而在二者之间产生了逐渐增大的相互作用力——紧箍力,而使混凝土呈现三向应力状态,使其承载能力大大提高。同时,钢管的套箍作用大大地提高了混凝土的塑性,使得高强度混凝土的性脆弱点得以克服,同时由于管内混凝土的存在,也提高了薄壁钢管的局部稳定性,使其强度可以充分发挥。钢管混凝土具有优越的力学性能:其一,由于钢管的紧箍作用使混凝土处于三轴向受压应力状态,间接提高了混凝土的极限抗压强度。其二,由于混凝土的填充作用,提高了钢管抵抗局部屈曲的能力。钢管混凝土构件充分发挥混凝土和钢材的材料性能,提高了构件的承载能力,同时又具有较好的塑性和韧性,为高强度混凝土和高强度钢材的应用提供了广阔的途径。钢管混凝土结构防火性比RC结构差,比全钢结构强,防火涂料可省一半以上。图5-4所示为钢管混凝土拱桥。

图5-4 钢管混凝土拱桥

(1)高性能混凝土有哪些特性?

(2)简述特种混凝土有哪些类型,并且其各自有什么特点?

模块六　砂　浆

任务1　建筑砂浆

学习目标

知识目标

(1)了解砂浆的概念。

(2)掌握砂浆的性质。

(3)掌握砂浆的分类。

能力目标

(1)能说出砂浆的形成机制和原理。

(2)能根据需要选择合适的砂浆。

素质目标

(1)培养学生的节能环保意识。

(2)培养学生的团队协作精神。

任务分析

本任务学习砂浆的概念,砂浆的性质,砌筑砂浆、抹灰砂浆、防水砂浆、保温砂浆、吸声砂浆、耐酸砂浆、防辐射砂浆等的相关内容。

任务准备

砂浆是建筑上砌砖使用的黏结物质,由一定比例的沙子和胶结材料(水泥、石灰膏、黏土等)加水和成,也叫灰浆。

那么砂浆有什么性质和种类呢?

知识准备

1. 建筑砂浆

1）砂浆

砂浆是建筑工程中用量大、用途广的建筑材料。一方面它用于砌体的承重结构；另一方面也用于建筑物内外表面的抹灰。

砂浆由胶凝材料、细集料和水等材料按适当比例配制而成。细集料多采用天然砂，胶凝材料一般为水泥、石灰浆等。

砂浆按用途可分为砌筑砂浆、抹灰砂浆、装饰砂浆及特种砂浆等，也可按胶结材料的不同分为水泥砂浆、石灰砂浆、混合砂浆等。

2）砂浆的强度

砂浆硬化后要与砖石、砌块等黏结成整体性的砌体，它在砌体中起传递荷载作用，并与砌体一起承受周围介质的物理化学作用，因而砂浆应具有一定的黏结强度、抗压强度和耐久性。

3）砂浆的性质

（1）和易性。

砂浆的和易性是指新拌砂浆是否便于施工并保证质量的综合性质，即砂浆是否便于施工操作，是否较易在砖石、砌块等表面上铺砌成均匀、连续的薄层且与底面紧密地黏结。砂浆的和易性可根据其流动性和保水性综合评定。

（2）流动性。

砂浆的流动性又称稠度，用沉入度表示。沉入度是指 300 g，顶角为 30°的圆锥体，在 10 s 内沉入砂浆的深度。沉入度愈大，说明砂浆流动性愈高。

影响流动性的因素有用水量，胶凝材料的种类和用量，细集料种类、颗粒形状、粗细程度和级配等。

（3）保水性。

砂浆的保水性可用分层度表示。一般在测定时将拌和好的砂浆装入内径为 150 mm、高 300 mm 的圆桶内，测定其沉入度。静止 30 min 以后，去掉上面 200 mm 厚的砂浆，剩余部分重新搅拌，再测沉入度。前后两次沉入度之差的毫米数就是分层度。分层度越大，表明砂浆的分层离析现象越严重，保水性越差。

2. 砂浆分类

1）按使用方式分

（1）砌筑砂浆。

砌筑砂浆是将砖石、砌块等砌体材料黏结成为整体（砌体）的砂浆。

砌筑砂浆中的胶凝材料主要是水泥。用于砌筑的水泥砂浆中采用的水泥强度等级不宜大于32.5级。为保证砂浆的保水性，水泥强度等级不宜过高。因此，水泥混合砂浆采用的水泥强度等级不宜大于42.5级。

砌筑砂浆中的细集料宜选用中砂，其中的细集料的粒径一般为灰缝的1/5～1/4。有时为改善砂浆的和易性，会加入无机的细粉掺和料。常用的微沫剂为松香热聚物。砌筑砂浆除水泥砂浆外，还有水泥混合砂浆。即加入适量掺和料，用以改善保水性的砂浆，有时简称混合砂浆。

（2）抹灰砂浆。

涂抹在建筑物表面的砂浆统称为抹灰砂浆。抹灰砂浆按其功能的不同可分为普通抹灰砂浆、装饰抹灰砂浆和具有特殊功能的抹灰砂浆。

抹灰砂浆与砌筑砂浆相比，具有不承受荷载，与底基层有良好的黏结力等特点，以保证其在施工、长期自重或其他环境因素作用下不脱落、不开裂且不丧失其主要功能。

2）按功能分

（1）防水砂浆。

用作防水层的砂浆，称为防水砂浆。用防水砂浆做成的防水层也叫刚性防水层。

其施工方法有两种：一种是喷浆法，即利用高压枪将砂浆以100 m/s的高速喷向建筑物表面，砂浆被高压空气强烈压实后，密实度增大，抗渗性变好；另一种是人工多层抹压法，即将砂浆分几层抹压，以减少内部毛细连通孔，增大密实性，达到防水效果。

（2）保温砂浆。

保温砂浆一般用于平屋顶保温层及顶棚、内墙抹灰等，是以水泥、石灰膏、石膏等胶凝材料与膨胀珍珠岩砂、膨胀蛭石、火山渣或浮石砂、陶砂等轻质多孔集料按一定比例配制成的砂浆，具有轻质、保温的特性。常用的保温砂浆有水泥膨胀珍珠岩砂浆、水泥膨胀蛭石砂浆等。

（3）吸声砂浆。

吸声砂浆通常用于有吸声需求的室内墙面和顶棚的抹灰等。用水泥、石膏、砂、锯末配制成吸声砂浆,或在石灰、石膏砂浆中掺入玻璃纤维、矿棉等松软纤维材料均可获得良好的吸声效果。

(4)耐酸砂浆。

耐酸砂浆通常用于耐酸地面和耐酸容器的内壁,作防护层用。在用水玻璃和氟硅酸钠配制的耐酸涂料中,掺入适量石英岩、花岗岩、铸石等制成的粉及细集料可拌制成耐酸砂浆。

(5)防辐射砂浆。

在水泥砂浆中掺入重晶石粉、重晶石砂可配制成具有防X射线能力的砂浆。在水泥浆中掺入硼砂、硼酸等也可配制成具有防中子辐射能力的砂浆。

小贴士

图6-1所示为长城,长城是中国古代的军事防御工事,是一道高大、坚固而且连绵不断的长垣,用以限制敌骑的行动。长城不是一道单纯孤立的城墙,而是以城墙为主体,同大量的城、障、亭、标相结合的防御体系。

长城资源主要分布在河北、北京、天津、山西、陕西、甘肃、内蒙古、黑龙江、吉林、辽宁、山东、河南、青海、宁夏、新疆共15个省、自治区、直辖市。其中河北省境内长度2000多千米,陕西省境内长度1838千米。根据文物和测绘部门的全国性长城资源调查结果,明长城总长度为8851.8千米,秦汉及早期长城超过1万千米,总长超过2.1万千米。

墙身是城墙的主要部分,平均高度为7.8米,有些地段高达14米。凡是山岗陡峭的地方构筑得比较低,平坦的地方构筑得比较高;紧要的地方比较高,一般的地方比较低。墙身是防御敌人的主要部分,其总厚度较宽,基础宽度均有6.5米,墙上地坪宽度平均也有5.8米,保证两辆辎重马车并行。墙身由外檐墙和内檐墙构成,内填泥土碎石。

图6-1 长城

思考题

(1) 简述建筑砂浆的概念及性质。

(2) 按使用方式分,砂浆可以分为哪几种?

(3) 按使用功能划分,砂浆可以分为哪几种?

▶ 任务 2 　水泥砂浆和石灰砂浆

学习目标

知识目标

(1) 熟悉水泥砂浆的概念及强度等级。

(2) 掌握石灰砂浆和混合砂浆的概念。

(3) 掌握砂浆与混凝土的区别。

能力目标

(1) 能理解水泥砂浆的应用范围。

(2) 能合理地选取石灰砂浆、水泥砂浆和混合砂浆。

素质目标

(1) 培养学生的创新意识。

(2) 培养学生刻苦学习的精神。

任务分析

本任务学习水泥砂浆的概念、强度等级、石灰砂浆、混合砂浆、砂浆与混凝土的区别等内容。

任务准备

砂浆的种类繁多,根据组成材料的不同,砂浆可分为哪些类型呢?

知识准备

1. 水泥砂浆

水泥砂浆是由水泥、细集料和水根据需要配成的砂浆。水泥混合砂浆则是由水泥、细集料、石灰和水配制而成的。两者是不同的概念,叫法不同,用处也有所不同。通常所说的1∶3水泥砂浆忽视了水的成分,水的比例一般在0.65左右,正确应为1∶3∶0.65水泥砂浆,其密度为2000 kg/m³。

2. 水泥砂浆的强度

砂浆的强度等级是以边长为70.7 mm的立方体试块,一组6块,在标准养护条件下,用标准试验方法测得28d龄期的抗压强度值(MPa)来确定的。砂浆按抗压强度分,有M20、M15、M10、M7.5、M5、M2.5、M1.0和M0.4这8个等级。水泥砂浆及预拌砌筑砂浆强度等级可分为M5、M7.5、M10、M15、M20、M25、M30。

建筑施工过程中使用的砂浆,为便于施工,一般是现场搅拌的,水泥砂浆配合比1∶3(体积比),然后根据现场搅拌机或材料容器的容量换算为质量比;结构施工中使用的砂浆多用成品砂浆。

3. 石灰砂浆

石灰砂浆是由石灰膏和砂子按一定比例搅拌而成的砂浆,完全靠石灰的气硬而获得强度。石灰砂浆仅用于强度要求低、干燥的环境,其成本比较低。

4. 混合砂浆

混合砂浆在水泥或石灰砂浆中掺加适当掺和料,如粉煤灰、硅藻土等,以节约水泥或石灰用量,并改善砂浆的和易性。常用的混合砂浆有水泥石灰砂浆、水泥黏土砂浆和石灰黏土砂浆等。

5. 砂浆与混凝土的区别

建筑砂浆和混凝土的区别在于不含粗集料,它由胶凝材料、细集料和水按一定的比例配制而成。按其用途不同,可分为砌筑砂浆和抹面砂浆;按所用材料不同,可分为水泥砂浆、石灰砂浆、石膏砂浆和水泥石灰混合砂浆等。合理使用砂浆对节约胶凝材料、方便施工、提高工程质量有重要的作用。

小贴士

图6-2所示为西安城墙,其是中国现存规模最大、保存最完整的古代城垣,是第一批全国重点文物保护单位、国家AAAAA级旅游景区。广义的西安城墙包括西安唐城墙和西安明城墙,但一般特指西安明城墙。西安明城墙位于陕西省西安市中心区,墙高12米,

顶宽12~14米,底宽15~18米,轮廓呈封闭的长方形,周长为13.74千米。人们习惯将城墙内称为古城区,其面积约为11.32平方千米,著名的西安钟鼓楼就位于古城区中心。西安城墙主城门有四座:长乐门(东门)、永宁门(南门)、安定门(西门)、安远门(北门),这四座城门也是古城墙的原有城门。从民国开始为方便出入古城区,先后新辟了多座城门,至今西安城墙已有城门18座。1961年3月4日,西安城墙被国务院公布为第一批全国重点文物保护单位。

图6-2 西安城墙

(1)简述水泥砂浆、石灰砂浆和混合砂浆的区别与联系。

(2)简述砂浆与混凝土的区别。

模块七　建筑钢材

任务 1　建筑钢材的基本知识

学习目标

知识目标

(1)了解金属材料的概念。

(2)熟悉建筑钢材的特点。

(3)掌握钢的分类。

能力目标

(1)能描述建筑钢材的冶炼过程。

(2)能根据需要选择不同种类的钢材。

素质目标

(1)培养学生节约资源的意识。

(2)培养学生探索创新的精神。

任务分析

本任务学习金属材料、建筑钢材、钢的分类等内容。

任务准备

建筑钢材作为建筑结构中的重要组成部分,在现代建筑中起着至关重要的作用。具有高强度、耐久性和可塑性等特点,使得建筑能够承受重力、抵抗地震和风力等外部力量。那么建筑钢材有哪些呢?

知识准备

1. 金属材料

金属材料是一种或两种以上的金属元素或金属元素与某些非金属元素组成的合金的总称。

金属材料一般分为黑色金属和有色金属两大类。黑色金属是以铁元素为主要成分的金属及其合金。有色金属是除黑色金属以外的其他金属,如铝、铅、锌、铜、锡等金属及其合金。

2. 钢的冶炼

钢是含碳量为 0.06%～2.0%,并含有某些其他元素的铁碳合金。

钢的生产分为两步:一是铁矿石经过冶炼形成铁水,这一过程叫作炼铁;二是铁经过精炼形成钢,这一过程叫作炼钢。钢在强度、韧性等方面都比铁有了较大幅度的提高,在建筑工程中大量使用的都是钢材。

3. 建筑钢材

建筑工程上用的钢材包括各类钢结构用的型钢(如圆钢、角钢、槽钢和工字钢等),钢板和钢筋混凝土用钢筋、钢丝等。

钢材强度高、品质均匀,具有一定的弹性和塑性变形能力,能够承受冲击、振动等荷载作用;钢材的加工性能良好,可以进行各种机械加工,可以通过切割、铆接或焊接等方式连接并现场装配。建筑钢材具有如下特点:

(1)钢材材料强度高,自身重量轻。

钢材强度较高,弹性模量也高。与混凝土和木材相比,其密度与屈服强度的比值相对较低,因而在同样受力条件下钢结构的构件截面小,自重轻,便于运输和安装,适于跨度大、高度高、承载重的结构。

(2)钢材韧性、塑性好,材质均匀,结构可靠性高。

钢材适于承受冲击和动力荷载,具有良好的抗震性能。钢材内部组织结构均匀,近于各向同性匀质体。钢结构的实际工作性能比较符合计算理论,所以钢结构可靠性较高。

(3)钢结构制造安装机械化程度高。

钢结构构件便于在工厂制造、工地拼装。工厂机械化制造钢结构构件成品精度高、生产效率高、工地拼装速度快、工期短。

(4)钢结构密封性能好。

由于焊接结构可以达到完全密封,可以做成气密性、水密性均很好的高压容器、大型油池、压力管道等。

(5)钢结构耐热不耐火。

当温度在150 ℃以下时,钢材性质变化很小。钢结构表面受150 ℃左右的热辐射时,要采用隔热板加以保护。温度在300~400 ℃时,钢材强度和弹性模量均显著下降,温度在600 ℃左右时,钢材的强度趋于零。在有特殊防火需求的建筑中,钢结构必须采用耐火材料加以保护以提高耐火等级。

(6)钢结构耐腐蚀性差。

钢结构在潮湿和腐蚀性介质的环境中,容易锈蚀。一般钢结构要除锈、镀锌或涂料,且要定期维护。对处于海水中的海洋平台结构,需采用"锌块阳极保护"等特殊方法来防腐蚀。

(7)低碳、节能、绿色环保,可重复利用。

钢结构建筑拆除几乎不会产生建筑垃圾,钢材可以回收再利用。

4. 钢的分类

1)按冶炼设备分类

按冶炼设备不同,钢分为转炉钢、平炉钢和电炉钢三大类。

2)按脱氧程度分类

在炼钢过程中,为了除去碳和杂质必须供给足够的氧气,需加入硅铁、锰铁或铝锭等脱氧剂,进行精炼。按脱氧程度不同,可将钢分为沸腾钢、镇静钢和半镇静钢。

(1)沸腾钢是脱氧不完全的钢。浇铸后,在冷却凝固过程中,钢液中残留的氧化亚铁与碳化合后,生成的一氧化碳气体大量外逸,造成钢液激烈"沸腾",故称沸腾钢。

(2)镇静钢是脱氧完全的钢。注入锭模冷却凝固时,钢液比较纯净,液面平静。

(3)半镇静钢的脱氧程度和材质介于沸腾钢和镇静钢之间。

3)按化学成分分类

(1)碳素钢。低碳钢(含碳量小于0.25%),建筑工程的主要用钢;中碳钢(含碳量0.25%~0.6%),多用于机械零件;高碳钢(含碳量大于0.6%),用于工具、刀具等。

(2)合金钢。根据合金元素的含量分为:低合金钢,合金元素总含量小于5%;中合金钢,合金元素总含量为5%~10%;高合金钢,合金元素总含量大于10%。

4)按用途分类

根据用途不同,钢可分为结构钢、工具钢和特殊性能钢。建筑工程上常用的钢材是碳素钢中的低碳钢(普通碳素结构钢)和合金钢中的低合金钢(低合金结构钢)。

5)按钢的品质分类

依据钢中含有害杂质的多少进行分类,一般将钢分为普通钢、优质钢、高级优质钢和特级优质钢。

小贴士

图7-1所示为钢材,钢材的特点是强度高、自重轻、整体刚度好、抵抗变形能力强,故特别适宜用于建造大跨度和超高、超重型的建筑物;材料匀质性和各向同性好,属理想弹性体,最符合一般工程力学的基本假定;材料塑性、韧性好,可有较大变形,能很好地承受动力荷载;建筑工期短;其工业化程度高,可进行机械化程度高的专业化生产。

钢结构应研究高强度钢材,大大提高其屈服点强度;此外要轧制新品种的型钢,例如H型钢(又称宽翼缘型钢)和T型钢,以及压型钢板等以适应大跨度结构和超高层建筑的需要。

图7-1 钢材

(1)简述建筑用钢的特点。

(2)简述钢的分类有哪些?

任务 2　建筑钢材性质

学习目标

知识目标

(1)掌握钢材的力学性能。

(2)熟悉钢材的工艺性能。

(3)熟悉钢材的冷加工和热处理。

能力目标

(1)能描述钢材屈服强度等术语。

(2)能理解钢筋冷加工和热处理的工作原理。

素质目标

(1)培养学生保护资源的意识。

(2)培养学生科技报国的理念。

任务分析

本任务学习钢材的力学性能、工艺性能、冷加工和热处理等内容。

任务准备

钢结构是由钢制材料组成的结构,是主要的建筑结构类型之一。结构主要由型钢和钢板等制成的钢梁、钢柱、钢桁架等构件组成,并采用硅烷化、纯锰磷化、水洗烘干、镀锌等除锈防锈工艺。各构件或部件之间通常采用焊缝、螺栓或铆钉连接。因其自重较轻,且施工简单,广泛应用于大型厂房、场馆、超高层、桥梁等。

那么钢材有哪些力学性能和工艺性能要求呢?

知识准备

1.力学性能

拉伸作用是建筑钢材主要受力形式,是表示钢材性质和选用的重要指标。经历四个阶段:弹性阶段、屈服阶段、强化阶段、颈缩阶段。建筑钢材的抗拉强度包括:屈服强度、极限抗拉强度、疲劳强度。

（1）屈服强度是指钢材在静荷载的作用下，开始丧失对变形的抵抗能力，并产生大量塑性变形的应力，用 σ_s 表示。

（2）极限抗拉强度，钢材在拉力的作用下能承受的最大拉应力，用 σ_b 表示。抗拉强度虽然不能直接作为计算的依据，但屈服强度和抗拉强度的比值即屈强比，用 σ_s/σ_b 表示，在工程上很有意义。屈强比越小，结构的可靠性越高，防止结构破坏的潜力越大；但此值太小时，钢材的有效利用率太低，合理的屈强比一般在 0.6～0.75。屈服强度和强度极限是钢材力学性质的主要检验指标。

（3）疲劳强度，钢材承受交变荷载的反复作用时，可能在远低于屈服强度时发生破坏，这种破坏成为疲劳破坏。钢材疲劳破坏的指标即疲劳强度，或称疲劳极限。疲劳强度是试件在交变应力作用下，不发生疲劳破坏的最大主应力。

2. 钢材的弹性和塑性

1）弹性

弹性阶段的钢材在静荷载作用下，应力和应变的比值称为弹性模量，即 $E=\sigma/\varepsilon$，单位为 MPa。弹性模量是衡量钢材抵抗变形能力的指标，E 越大，使其产生一定量弹性变形的应力值就越大；在一定应力下，产生的弹性变形就越小。在工程上，弹性模量反映了钢材的刚度，是钢材在受力条件下计算结构变形的重要指标。建筑常用碳素结构钢 Q235 的弹性模量为 $(2.0～2.1)\times 10^5$ MPa。

2）塑性

建筑钢材应有很好的塑性，在工程中，钢材的塑性通常用伸长率（或断面收缩率）和冷弯来表示。伸长率是指试件拉断后，标距长度的增量与原标距长度之比，符号为 δ。

为了测量方便，常用伸长率表征钢材的塑性。伸长率是钢材的塑性的重要指标，δ 越大，说明钢材塑性越好，伸长率和标距有关，对于同种钢材 $\delta_5 > \delta_{10}$。

塑性是钢材的重要技术性质，尽管结构是在弹性阶段使用的，但其应力集中处的应力可能超过屈服强度，一定的塑性变形能力可保证应力重新分配，从而避免结构的破坏。

3. 工艺性能

1）冷弯

冷弯是用来检验钢材在常温下承受弯曲变形的能力。冷弯是通过检验试件经规定的弯曲程度后，根据弯曲处外面及侧面有无裂纹、起层、鳞落和断裂等情况进行评定的。一

般用弯曲角度 α、弯心直径 d 与钢材的厚度或直径 a 的比值来表示。弯曲角度越大，d 与 a 的比值越小，冷弯性能越好。

冷弯也是检验钢材塑性的一种方法，并与伸长率存在有机的联系，伸长率大的钢材，其冷弯性能好，但冷弯检验对钢材塑性的评定比拉伸试验更严格、更敏感。冷弯有助于暴露钢材的某些缺陷，如气孔、杂质和裂纹等。在焊接时，局部脆性及接头缺陷都可通过冷弯而发现，所以钢材的冷弯不仅是评定塑性、加工性能的要求，也是评定焊接质量的重要指标之一。对于重要结构和弯曲成型的钢材，冷弯必须合格。

2）冲击韧性

冲击韧性是指钢材抵抗冲击荷载而不破坏的能力。规范规定是以刻槽的标准试件，在冲击试验的摆锤冲击下，以破坏后缺口处单位面积上所消耗的功来表示。

此外，钢材的冲击韧性还受温度和时间的影响。常温下，随温度的降低，冲击韧性降得很小，此时破坏的钢件断口呈韧性断裂状；当温度降至某一温度范围时，钢材开始呈脆性断裂，这种性质称为冷脆性，发生冷脆性时的温度（范围）称为脆性临界温度（范围）。低于这一温度时，降低趋势又缓和。在北方严寒地区选用钢材时，必须对钢材的冷脆性进行评定，此时选用的钢材的脆性临界温度应比环境最低温度低些。由于脆性临界温度的测定工作复杂，规范中通常是根据气温条件规定−20℃或−40℃的负温冲击值指标。

3）焊接性能

焊接是通过局部加热使钢材达到塑性或熔融状态，从而将钢材连接成钢构件的过程。钢材的焊接性能是指在一定的焊接工艺条件下，获得性能良好的焊接接头。焊接性能可分为焊接过程中的焊接性能和使用性能上的焊接性能两种。焊接过程中的焊接性能是指焊接过程中焊缝及焊缝附近金属不产生热裂纹或冷却不产生冷却收缩裂纹的敏感性。焊接性能好是指在一定焊接工艺条件下，焊缝金属和附近母材均不产生裂纹。使用性能上的焊接性能是指焊缝处的冲击韧性和热影响区内延性性能，要求焊缝及热影响区内钢材的力学性能不低于母材的力学性能。

4. 钢材的冷加工和热处理

1）钢材的冷加工

将钢材于常温下进行冷拉、冷拔、冷轧，使其产生塑性变形，从而提高强度、节约钢材，称为钢材的冷加工强化或"三冷处理"。钢材经冷加工后，屈服强度提高，塑性、韧性和弹性模量降低。

2）钢材的热处理

热处理是将钢材按一定规则加热、保温和冷却，以改变其内部组织，从而获得需要的性能的一种工艺过程。热处理的方法有正火、退火、淬火和回火。

小贴士

"鸟巢"外形结构主要由巨大的门式钢架组成，共有24根桁架柱，现已完成20根桁架柱整柱及2根下柱吊装。国家体育场（图7-2）建筑顶面呈鞍形，长轴为332.3 m，短轴为296.4 m，最高点高度为68.5 m，最低点高度为42.8 m。

在保持"鸟巢"建筑风格不变的前提下，设计方案对结构布局、构件截面形式、材料利用率等问题进行了较大幅度的调整与优化。原设计方案中的可开启屋顶被取消，屋顶开口扩大，并通过钢结构的优化大大减少了用钢量。大跨度屋盖支撑在24根桁架柱之上，柱距为37.96 m。主桁架围绕屋盖中间的开口放射形布置，有22榀主桁架直通或接近直通。为了避免出现过于复杂的节点，少量主桁架在内环附近截断。钢结构大量采用由钢板焊接而成的箱形构件，交叉布置的主桁架与屋面及立面的次结构一起形成了"鸟巢"的特殊建筑造型。主看台部分采用钢筋混凝土框架—剪力墙结构体系，与大跨度钢结构完全脱开。"鸟巢"结构设计奇特新颖，而这次搭建它的钢结构的Q460也有很多独到之处：Q460是一种低合金高强度钢，它在受力强度达到460 MPa时才会发生塑性变形，这个强度要比一般钢材大，因此生产难度很大。这是国内在建筑结构上首次使用Q460规格的钢材；而这次使用的钢板厚度达到110 mm，是以前绝无仅有的，在中国的国家标准中，Q460的最大厚度也只是100 mm。以前这种钢一般从卢森堡、韩国、日本进口。为了给"鸟巢"提供"合身"的Q460，从2004年9月开始，河南舞阳特种钢厂的科研人员开始了长达半年多的科技攻关，前后3次试制终于获得成功。2008年，400 t自主创新、具有知识产权的国产Q460钢材撑起了"鸟巢"的铁骨钢筋。

图7-2 国家体育场

思考题

(1) 名词解释:屈服强度、极限强度、冷加工、热处理。
(2) 钢材的焊接有哪些要求?

任务3 建筑用钢

学习目标

知识目标

(1) 了解碳素结构钢的特点。
(2) 掌握低合金高强度结构钢、钢结构用钢的相关知识。
(3) 掌握钢材的腐蚀和防护。
(4) 熟悉钢材的耐热性和防火性。

能力目标

(1) 能合理选择工程用钢。
(2) 能理解钢材腐蚀和防护的必要性。

素质目标

(1) 培养学生节约资源的意识。
(2) 培养学生锐意进取的精神。

任务分析

本任务学习碳素结构钢、低合金高强度结构钢、钢结构用钢、钢材的腐蚀和防护、钢材的耐热性和防火性等内容。

任务准备

大型钢结构如避雷针铁塔、海上灯塔、供水塔、海上采油设施、罐车、球罐、贮槽、油箱、碳化塔、换热器、烟囱、集装箱、舰船船体、海上平台钢结构等,都是长期处于海洋大气、工业大气腐蚀环境下。若要长期使用,而不进行大面积维修,长效涂层防护是目前最佳的防护方法,使用寿命可达20~30年,维修费用少,可获得明显的经济效益。

如何根据需要选取合适的钢材呢？钢材的使用需要注意哪些内容呢？

知识准备

1. 碳素结构钢

碳素结构钢是碳素钢中的一种，主要用于加工各种型钢、钢筋和钢丝，适用于一般结构和工程。碳素结构钢的牌号表示方法是由代表屈服强度的拼音字母 Q、屈服强度数值、质量等级符号（A、B、C、D）、脱氧程度等四个部分按顺序组成。现行国家标准规定，碳素结构钢的牌号有 Q195、Q215、Q235、Q255 和 Q275 五种。

2. 低合金高强度结构钢

低合金高强度结构钢是在碳素结构钢的基础上加入总量小于 5% 的合金元素而形成的钢种。加入合金元素是为了改善钢材的塑性和韧性，提高钢材的强度。通常加入的合金元素有锰、硅、钒、钛、镍和铜等。

低合金高强度结构钢不仅强度高，其还具有塑性和韧性良好、硬度高、耐磨性好、耐蚀性强和耐低温性能好等优点。因此，建筑工程中应用低合金结构钢可以减轻结构自重、节约钢材、增加使用寿命、经久耐用，特别适用于高层建筑和大跨度结构。

3. 钢结构用钢

我国钢结构采用的钢材品种主要为热轧型钢、冷弯薄壁型钢、热轧或冷轧钢板和钢管等。其钢材按化学成分的不同主要有碳素结构钢和低合金结构钢两类。其中热轧型钢有角钢、L 型钢、工字钢、槽钢和 H 型钢等。冷轧型钢是用厚度 1.5～6 mm 薄钢板或钢带经冷轧（弯）或模压而成。钢管有热轧无缝钢管和焊接钢管两种。建筑结构使用的钢板按照轧制方式分为热轧钢板和冷轧钢板两类。另外，钢板表面轧有防滑凸纹的叫作花纹钢板。

钢筋混凝土结构和构件用钢筋按照化学成分的不同主要有碳素结构钢和低合金结构钢两类。按照生产加工工艺的不同分为热轧钢筋、热处理钢筋、热处理钢丝。另外，钢筋按其外形的不同分为光面钢筋和变形钢筋两种。

4. 钢材的腐蚀和防护

钢材的腐蚀根据其与环境介质的作用分为化学腐蚀和电化学腐蚀两类。化学腐蚀是钢材在常温和高温时发生的氧化或硫化作用，而电化学腐蚀是在钢材表面产生电池作用的腐蚀。

对于这两类腐蚀可采用在钢材中加入合金元素的方法使钢材合金化，提高其耐蚀的能力。也可用耐蚀性强的金属以电镀或喷镀的方法覆盖在钢材表面，提高钢材的耐蚀性。还可在钢材表面用非金属材料覆盖作为保护膜，使其与环境隔离，避免或减缓腐蚀。最常用的方法是在钢材表面刷防腐、防锈油漆。

5. 钢材的耐热性和防火性

钢材受热后，当温度在 200 ℃ 以内时，其主要性能（强度和弹性模量）下降不多。温度超过 200 ℃ 后，材质变化较大，不仅强度总趋势逐渐降低，还有蓝脆（温度在 250 ℃ 左右，钢材的强度略有升高，同时塑性和韧性均下降，材质有转脆的倾向，钢材表面氧化膜呈现蓝色）现象和徐变现象。温度达到 600 ℃ 时，钢材进入塑性状态已不能承载。因此，设计规定钢材表面温度超过 150 ℃ 后即需加以隔热防护，有防火要求时，则更需按相应的规定采取隔热保护措施。

小贴士

直到 19 世纪末，我国才开始采用现代化钢结构。新中国成立后，钢结构的应用有了很大的发展，不论在数量上还是质量上都远远超过了过去。轻钢结构的楼面由冷弯薄壁型钢架或组合梁、楼面 OSB 结构板，支撑、连接件等组成。所用的材料是定向刨花板，水泥纤维板，以及胶合板。在这些轻质楼面上每平方米可承受 316～365 kg 的荷载。钢结构建筑的多少，标志着一个国家或一个地区的经济实力和经济发达程度。进入 2000 年以后，我国国民经济显著增长，国力明显增强，钢产量成为世界大国，在建筑中提出了要"积极、合理地用钢"，从此甩掉了"限制用钢"的束缚，钢结构建筑在经济发达地区逐渐增多。特别是 2008 年前后，在奥运会的推动下，出现了钢结构建筑热潮，强劲的市场需求，推动钢结构建筑迅猛发展，建成了一大批钢结构场馆、机场、车站和高层建筑，其中，有的钢结构建筑在制作安装技术方面具有世界一流水平，如奥运会国家体育场等建筑。奥运会后，钢结构建筑得到普及和持续发展，钢结构广泛应用到建筑、铁路、桥梁和住宅等方面，各种规模的钢结构企业数以万计，世界先进的钢结构加工设备基本齐全，如多头多维钻床、钢管多维相贯线切割机、波纹板自动焊接机床等。并且现在数百家钢结构企业的加工制作水平具有世界先进水平，如钢结构制作特级和一级企业。

思考题

(1) 简述钢材的腐蚀和防护。

(2) 简述钢材的耐热性和防火性。

模块八 木材

任务 1 木材的分类和构造

学习目标

知识目标

(1) 了解木材的特点。

(2) 熟悉针叶树材、阔叶树材等的概念。

(3) 熟悉木材的构造性质。

能力目标

(1) 能区分针叶树材和阔叶树材。

(2) 能阐述木材的宏观构造和微观构造。

素质目标

(1) 培养学生节约资源的意识。

(2) 培养学生团队协作的精神。

任务分析

本任务学习木材的特点、针叶树材、阔叶树材、木材的宏观构造、木材的微观构造与组成等内容。

任务准备

木材是能够次级生长的植物,如乔木和灌木,所形成的木质化组织。这些植物在初生生长结束后,根茎中的维管形成层开始活动,向外发展出韧皮,向内发展出木材。

木材是维管形成层向内发展出植物组织的统称,包括木质部和薄壁射线。木材对于人类生活起着很大的支持作用。根据木材不同的性质特征,人们将它们用于不同途径。

那么木材有哪些特点呢？

知识准备

1. 木材

土木工程中使用的木材是由树木加工而成的，树木的种类不同，木材的性质及应用也不同，因此必须了解木材的种类才能合理地选用木材。建筑用木材如图8-1所示。

图8-1　木材

工程中的木材泛指用于工业与民用建筑的木制材料，通常被分为软材和硬材。工程中所用的木材主要取自树木的树干部分。木材因取得和加工容易，自古以来就是一种主要的建筑材料。防腐木是采用防腐剂渗透并固化木材以后，具有防止腐朽菌腐朽功能、生物侵害功能的木材。

木材按树种分类，一般分为针叶树材和阔叶树材。杉木及各种松木、云杉和冷杉等是针叶树材；柞木、水曲柳、香樟、檫木及各种桦木、楠木和杨木等是阔叶树材。中国树种很多，因此各地区常用于工程的木材树种亦各异。东北地区主要有红松、落叶松（黄花松）、鱼鳞云杉、红皮云杉、水曲柳；长江流域主要有杉木、马尾松；西南、西北地区主要有冷杉、云杉、铁杉。

木材作为建筑和装饰材料具有许多特点。例如，轻质高强；弹性韧性好，能承受冲击和振动作用；具有较好的隔热、保温性能；纹理美观、色调温和、风格典雅，极具装饰性；便于加工，可制成各种形状的产品；绝缘性好等。此外，受木材生长的自然条件限制，木材也存在不少的缺陷。另外，木材在建筑工程中，还可用作承重构件，也可用于建筑配件的门窗、墙裙、暖气罩和施工时用的脚手架、模板等。

2. 建筑工程用木材

1）针叶树材

针叶树的树叶如针状或鳞片状。针叶树树干通直高大,枝杈较小,分布较密,易得大材,其纹理顺直,材质均匀。大多数针叶树材的木质较轻软而易于加工,所以针叶树材又称软材。针叶树材强度较高,胀缩变形较小,耐蚀性强,建筑上广泛用作承重构件和装饰材料。我国常用于建筑工程的针叶树树种有陆均松、红松、红豆杉、云杉、冷杉和福建柏等。

2）阔叶树材

阔叶树的树叶多数宽大,叶脉呈网状。阔叶树树干通直部分一般较短,枝杈较大,数量较少。大多阔叶材的材质重、硬而难以加工,所以阔叶材又称硬材。阔叶材强度高,胀缩变形大,易翘曲开裂。阔叶材板面通常较为美观,具有较好的装饰作用,适用于家具、室内装修,以及制作胶合板等。我国常用于建筑工程的阔叶树树种有水曲柳、樟木、栎木、榆木、锥木、核桃木、酸枣木、莘木和檫木等。

3. 木材的宏观构造

木材的宏观构造是指用肉眼和放大镜能观察到的构造特征。由于木材构造的不均匀性即各向异性,观察其宏观构造时必须从三个切面（横切面、径切面、弦切面）进行。从横切面可以看出木材主要是由髓心和木质部组成的。木质部是土木工程中使用的主要部分,在木质部中心颜色较深的部分称为心材;靠近树皮颜色较浅的部分叫边材,心材含水量较少,不翘曲变形,耐蚀性较强。边材含水量大,容易翘曲变形,耐蚀性也不如心材。一般心材的利用价值比边材大。

从横切面上看到的深浅相间的同心圆环,即所谓年轮,在同一年轮内,春天生长的木质颜色较浅、材质松软,称为春材(早材)。而夏秋两季生长的木质颜色较深,材质坚硬,称为夏材(晚材)。夏材部分越多,年轮越密且均匀,木材质量越好,强度越高。髓心是树干的中心,其材质松软、强度低、易磨蚀和虫害。从髓心向外的射线称为髓线,它与周围连结差,干燥时易开裂。

从弦切面可以看出,包含在树干中,从树干旁边生长出的枝条部分称为节子,节子与周围木材紧密连生,构造正常称为活节;由枯死枝条形成的节子称为死节。节子构造致密,破坏木材构造的均匀性和完整性,对木材的性能影响较大,颜色与主干差异较大。

从径切面可以看出,木材中的纤维排列与纵轴方向是一致的,如出现不一致的倾斜纹理称为斜纹,斜纹会大大降低木材的强度。

4. 木材的微观构造

微观构造是指借助显微镜才能看到的组织。针叶树与阔叶树既在微观构造上存在着很大差别,同时又具有许多共同特征。木材是由无数管状细胞组成的,除少数细胞横向排列外(形成髓线),绝大部分细胞是纵向排列的。每个细胞都由细胞壁和细胞腔组成,细胞壁由若干层细纤维组成;纤维之间纵向连接比横向连接牢固,所以木材具有各向异性;同时细胞中细胞腔和细胞间隙之间存在着大量的孔隙,因此木材具有吸湿性较大的特点。木材细胞因功能不同分为管胞、导管、木纤维髓线等多种,不同树木其细胞组成不同,其中针叶树组成简单,髓线细小,但阔叶树组成复杂,髓线发达,粗大且明显,所以造成了二者树木构造及性能上的差异。

小贴士

图 8-2 所示为应县木塔。应县木塔建于辽代,是中国也是世界上现存最高、最古老的木构塔式建筑。该塔整体架构所用均为木材,没用一根铁钉,全塔斗拱众多,被称为"中国古建筑斗拱博物馆",是中国古典高层木结构的典型实例。塔高 67.31 m,底部直径 30.27 m,总重量约为 7400 t,主体使用材料为华北落叶松,斗拱使用榆木。木料用量多达上万立方米。整个建筑由塔基、塔身、塔刹三部分组成,塔基又分作上、下两层,下层为正方形,上层为八角形。塔身呈现八角形,外观五层六檐,实为明五暗四九层塔。结构九层,其中有四个结构层为平坐层,也称为"暗层",夹在各明层之间,是一个中空的双层环状结构。在平坐层内柱子之间和内、外角柱之间架设不同方向的斜撑,形成桁架结构,有如一层刚性加强层,有效地增强了木塔整体结构的强度。中空的部分增加了明层的净空高度,以便安置较高大佛像。其余五层为明层,每层都供奉佛像,除首层供奉的释迦牟尼金身坐像高达 11 m 外,其上四层佛像尺度相对较小。全塔共使用 400 余攒不同类型的斗拱,平面则采取内、外两圈八边形立柱,内圈主柱 8 根,外圈主柱 24 根,形成内外双层套筒式的平面结构。内柱环绕的空间是佛堂,内外柱之间的空间称为外槽,是供朝拜礼佛活动的通道,称为外槽。外槽外面是各层出挑的平坐,外槽内有扶梯可供上下。

图 8-2 应县木塔结构示意图

(1)简述针叶树材、阔叶树材的特点。

(2)简述木材的微观结构、宏观结构。

任务 2　木材的性质

学习目标

知识目标

(1)熟悉木材的含水率。

(2)掌握胀缩性、木材的力学性质、木材的干燥等概念。

(3)掌握木材的防腐、防火。

能力目标

(1)能理解含水率对木材性能的影响机理。

(2)能阐述木材的防腐和防火要求。

素质目标

(1)培养学生勤俭节约的习惯。

(2)培养学生的安全意识。

任务分析

本任务学习木材的含水率、胀缩性、木材的力学性质、木材的干燥、木材的防腐、木材的防火等内容。

任务准备

木材的使用非常广泛,那么木材含水率、木材强度对使用有什么影响呢？为什么要重视木材的防腐和防火呢？

知识准备

1. 木材的含水率

木材中所含的水分有细胞腔内和细胞间隙的自由水和存在于细胞壁内的吸附水。新采伐的或潮湿的木材,内部都含有大量的自由水和吸附水。当木材干燥时,首先是自由水很快地蒸发,但并不影响木材的尺寸变化和力学性质。当自由水完全蒸发后,吸附水才开始蒸发,蒸发较慢,而且随着吸附水的不断蒸发,木材的体积和强度均发生变化。自由水含量的变化仅影响木材的容重、耐蚀性、干燥性和燃烧性。

木材内细胞壁吸水饱和,细胞腔及细胞间隙内无自由水时的含水率称为木材的纤维饱和点。纤维饱和点是水分对木材物理力学性能影响的转折点。木材纤维饱和点的数值通常介于25%～35%。一般松木的纤维饱和点约为30%。

木材中的含水量以含水率表示,即木材中所含水的质量分数。一般新砍伐的树木称为生材,其含水率一般为70%～80%。烘干后木材的含水率为4%～12%。木材中含水率的大小影响木材的强度和胀缩性。

由于木材中存在大量的孔隙,潮湿的木材在干燥的空气中能放出水分,干燥的木材能从周围的空气中吸收水分,这种性能称为木材的吸湿性,木材的吸湿性用含水率来表示,即木材所含的水的质量与干燥木材质量的百分比来表示。当木材在某种介质中放置一段时间后,木材从介质中吸入的水分和放出的水分相等,即木材的含水率与周围介质的湿度达到了平衡状态,此时的含水率称为平衡含水率。木材的平衡含水率与周围介质的温度及相对湿度有关。木材在纤维饱和点以内含水率的变化对变形、强度等物理力学性能影响极大,为了避免木材因为含水率大幅度变化而引起变形及制品开裂,因此木材在使用前必须使其含水率达到使用环境常年平均平衡含水率。木材的平衡含水率随其所在的地区不同而异,我国北方为12%左右,南方为18%左右,长江流域一般为15%左右。

2. 胀缩性

木材具有显著的湿胀干缩性,木材的湿胀干缩性会影响其实际使用。干缩会使木材翘曲开裂、接榫松弛、拼缝不严,湿胀则造成木材凸起。为了避免这种不良情况,在木材加工前必须进行干燥处理,使木材的含水率比使用地区平衡含水率低2%～3%。木材吸收水分后体积膨胀,丧失水分则收缩。木材自纤维饱和点到炉干的干缩率,径向约为3%～6%,弦向约为6%～12%,径向和弦向干缩率的不同是木材产生裂缝和翘曲的主要原因。

当潮湿状态的木材处于干燥环境中,首先放出的是自由水,木材尺寸不改变,只是重量减轻,然后才放出吸附水,木材才开始收缩。而干燥的木材处于潮湿环境时,首先吸入的是吸附水,吸附后就会膨胀。由此可见,木材的干湿变形仅在纤维饱和点以内变化时才发生,若含水率超过纤维饱和点,存在于细胞壁和细胞间隙中自由水的变化,只会使木材的体积密度及燃烧性能等发生变化,而不会发生变形。木材干湿变形的大小随树种不同而不同。一般体积密度大、夏材率含量高时,胀缩变形就大。同时由于构造不均匀,同一木材当含水率变化时各方向变形的大小也不同,其变形为弦向最大、径向次之、顺纹方向变形最小。

3. 木材的强度

木材构造的各向异性决定了木材的各项强度都具有明显的方向性,木材按受力状态分为抗压、抗拉、抗弯和抗剪四种强度,而抗拉、抗压、抗剪强度都有顺纹(作用方向与纤维方向平行)和横纹(作用方向与纤维方向垂直)之分,这两种强度有很大的差别。木材的强度除本身组织构造因素外,还与含水率、疵病(木节、斜纹、裂缝、腐朽及虫蛀等)、负荷时间、温度等因素有关。

当木材的含水率低于纤维饱和点时,含水率降低,吸附水减少,细胞壁紧密,因此木材的强度增高;反之,吸附水增多,细胞壁膨胀,组织疏松,强度下降。而当木材的含水率超过纤维饱和点时,含水率的变化只限于细胞腔和细胞间隙中的自由水发生变化,含水率的变化对强度几乎无影响。同时,含水率在纤维饱和点以内变化时,对不同方向的不同强度影响也不同,对顺纹抗压强度和抗弯强度影响较大,对顺纹抗剪强度和抗拉强度影响较小。环境温度升高将使木纤维的胶凝物质处于软化状态,其强度和弹性均降低,若木材受冻,水结冰会使木材强度增大,且材质硬脆,一旦解冻,其各项强度均会降低。由于木纤维在长期荷载下蠕动产生徐变,木材对长期荷载的抵抗能力低于对短期荷载的抵抗能力。木材在长期荷载作用下不致引起破坏的最大强度,称为持久强度。一般情况下,木材的持久强度仅为短期荷载强度的 50%～60%。因此木材若在长期荷载作用下使用,必须考虑负荷时间对木材强度的影响。

木材有很好的力学性质,但木材是有机各向异性材料,顺纹方向与横纹方向的力学性质有很大差别。木材的顺纹抗拉和抗压强度均较高,但横纹抗拉和抗压强度较低。木材强度还因树种而异,并受木材缺陷、荷载作用时间、含水率及温度等因素的影响,其中以木材缺陷及荷载作用时间两者的影响最大。因木节尺寸和位置不同、受力性质(拉或压)不同,有节木材的强度比无节木材低 30%～60%。

4. 木材的干燥

为了保持尺寸和形状、延长使用寿命,木材在加工和使用前必须进行干燥处理和防腐处理。木材的干燥方法可分为自然干燥和人工干燥。

1)自然干燥

自然干燥是将锯开的板材或方材按一定的方式堆积在通风良好的场所,避免阳光的直射和雨淋,使木材中的水分自然蒸发。这种方法简单易行,不需要特殊设备,干燥后木材的质量良好。但干燥时间长,占用场地大,只能干燥到风干状态。

2）人工干燥

人工干燥即利用人工的方法排除木材中的水分，常用的方法有：水浸法、蒸材法和热炕法等。

5. 木材的防腐

木材的腐蚀是由真菌侵入导致的，真菌侵入会改变木材的颜色和结构，使细胞壁受到破坏，从而导致木材物理力学性能降低，使木材松软或成粉末，即为木材的腐蚀。引起木材变质腐蚀的真菌分为三种，即霉菌、变色菌和腐朽菌。霉菌只寄生于木材表面，对木材不起破坏作用，这种通常称为发霉。变色菌以细胞腔内淀粉、糖类等为养料，不破坏细胞壁，故对木材的破坏作用也很小。而腐蚀菌是以细胞壁物质为养料，进行繁殖、生长，故木材的腐蚀主要来自腐蚀菌。真菌是在一定的条件下才能生存和繁殖的，其生存繁殖的条件：一是水分，木材的含水率为18％时即可生存，含水率为30％～60％时最宜生存、繁殖；二是温度，真菌最适宜生存繁殖的温度为15～30 ℃，高出60 ℃无法生存；三是氧气，有5％的空气即可生存；四是养分，如木质素、淀粉、糖类等。木材的腐蚀一般是由一些菌类和昆虫的侵害造成的。

在适当的温度(15～30 ℃)和湿度(含水率在30％～60％)等条件下，菌类、昆虫易于在木材中繁殖，破坏木质，严重影响木材的使用。为了延长木材的使用寿命，对木材可采用以下两种防腐处理方法。

1）结构预防法

在施工中，尽量使木材构件不受潮湿，使木材处在良好的通风条件下，在木材和其他材料之间用防潮衬垫，不将支节点或其他任何木构件封闭在墙内，木地板下设置通风洞，木屋顶采用山墙通风或设置老虎窗等。

2）防腐剂法

通过涂刷或浸渍防腐剂，使木材含有有毒物质，以起到防腐和杀虫作用。常用的防腐剂：水剂(如氯化钠、氯化锌、硫酸铜、硼酚合剂)、油剂(如林丹五氯合剂)和乳剂(如氯化钠沥青膏浆)。

6. 木材的防火

对木结构及其构件的防火主要是测定其耐火极限，并根据建筑物耐火等级的要求，采取提高木构件耐火极限的措施。木构件的耐火极限是指某种构件在专门的炉中，按模拟火灾温度(700～1000 ℃)的火焰进行燃烧,从开始到失去其原有的功能(对承重构件就是失去承载能力)的时间。如用厚度为 5 cm 的方木胶合的门扇,其耐火极限为 1 h;截面积为 17×17 cm^2 的木梁,其应力达到 10 MPa,耐火极限为 40 min;截面积为 15×15 cm^2,高 3.5 m,应力达到 4 MPa 的木柱,25 min 后才被破坏;而截面积为 29×29 cm^2 的木柱,应力达 6 MPa,50 min 后才被破坏。由此可见,木构件特别是截面积较大的木构件具有一定的耐火性能,这是因为木材是由中空的细胞组成,热导率较小,并且木材在燃烧过程中,在表面形成一层木炭,而木炭也有良好的隔热性能,因而减慢了木材的热分解。

木构件在火灾作用下,前 2 min 是着火燃烧,在此后的 8 min 内的炭化速率约为 0.8 mm/min,由于形成木炭层,在这以后炭化速率减慢到 0.6 mm/min。不同树种的炭化速率有一定的差别。木构件的耐火性能,除试验测定外,还可以根据已掌握的不同树种的炭化速率进行测算。

小贴士

我国是最早应用木结构的国家之一,根据实践经验采用梁、柱式的木构架,扬木材受压和受弯之长,避木材受拉和受剪之短。应县木塔充分体现了木结构自重轻、能建造高耸结构的特点。在木结构的细部制作方面,采用干燥的木材制作结构,并使结构的关键部位外露于空气之中,可防潮而免遭腐朽;在木柱下面设置础石,既避免木柱与地面接触受潮,又防止白蚁顺木柱上爬危害结构;在木材表面用较厚的油灰打底,然后涂刷油漆,除美化环境外,兼有防腐、防虫和防火的功能。

木结构作为一种天然材质使建筑具有一种特别的亲和力,木结构建造的灵活性可以充分发挥个性化、人性化的特点。木结构在园林景观中的应用有利于结合中国文化特点,既焕发历史神韵又不失现代气氛,木结构建筑建造的不仅是可供使用的建筑实体,更是一个人文景观。

思考题

(1)什么是木材的含水率?
(2)木材强度有什么特点?
(3)木材的防腐有哪些方法?
(4)木材的防火有哪些要求?

任务 3　木材的应用和人造板材

学习目标

知识目标

(1) 熟悉木材的应用。

(2) 掌握多种木材产品。

(3) 掌握纤维板、胶合板、复合板等人造板材。

能力目标

(1) 能理解木材的应用范围。

(2) 能阐述不同板材的特点。

素质目标

(1) 培养学生节能环保意识。

(2) 培养学生锐意进取的精神。

任务分析

本任务学习木材的应用、木材产品、人造板材等内容。

任务准备

木材在工程中有哪些应用呢？装饰装修中常用的人造板材有哪些呢？

知识准备

1. 木材的应用

1）木材在结构工程中的应用

木材是传统的建筑材料，在古建筑和现代建筑中都得到了广泛应用。在结构上，木材主要用于构架和屋顶，如梁、柱、椽、望板、斗拱等。我国许多建筑物均为木结构，它们在建筑技术和艺术上均有很高的水平，并具独特的风格。另外，木材在建筑工程中还常用作混凝土模板及木桩等。

2）木材在装饰工程中的应用

在国内外,木材历来被广泛用于建筑室内装修与装饰,它给人以自然美的享受,还能使室内空间产生温暖与亲切的感觉。在古建筑中,木材更是细木装修中的重要材料。

3）木材的综合利用

木材在加工成型材和制作成构件的过程中,会留下大量的碎块、废屑等,将这些下脚料进行加工处理,可制成各种人造板材。

2. 木材产品

木材按其加工程度和用途不同,常分为原条、原木、枕木和锯材四种。原条是指去皮（也有不去皮的）而未经加工成规定材品的木材,主要用于制作建筑工程的脚手架和供进一步加工等。原木是指除去树皮（也有不去的）和树梢并按尺寸切取的材料,有直接使用原木和加工原木之分,直接使用原木在建筑工程中用作屋架、檩条等；加工原木用于制作普通锯材,加工胶合板等。枕木又名轨枕,是用于铁路、专用轨道走行设备铺设和承载设备铺垫的材料。锯材是指已经加工锯解成一定尺寸的木料。凡宽度为厚度三倍以上的,称为板材,不足三倍为枋材。木材产品见图8-3。

（a）红檀香

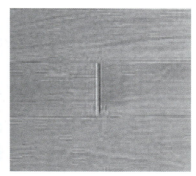
（b）金坛木

图8-3 木材产品

3. 人造板材

人造板材是利用木材或含有一定量的纤维的其他植物作原料,采用一般物理和化学方法加工制成的。这类板材与天然木材相比,板面宽、表面平整光洁,没有节子、虫眼和各向异性等,不翘曲、不开裂,经加工处理后还具有防火、防水、防腐、防酸等性能。常用的人造板材有胶合板、纤维板、刨花板等。

1）胶合板

胶合板是将原木旋切成的薄片，用胶黏合热压而成的人造板材，其中薄片的叠合必须按照奇数层进行，而且保持各层纤维互相垂直，胶合板最高层数可达15层。

胶合板大大提高了木材的利用率，其主要特点是：材质均匀，强度高，无疵病，幅面大，使用方便，板面具有真实、立体和天然的美感，广泛用作建筑物室内隔墙板、护壁板、顶棚板、门面板，以及各种家具及装修。在建筑工程中，常用的是三合板和五合板。我国胶合板主要采用水曲柳、椴木、桦木、马尾松及部分进口原料制成。

2）纤维板

纤维板是将木材的板皮、刨花、树枝等边角废料，经破碎、浸泡、研磨成木浆，再加入一定的胶料，经热压成型、干燥处理而成的人造板材，分为硬质纤维板、半硬质纤维板和软质纤维板3种。纤维板的表观密度一般大于 800 kg/m^3，适合作保温隔热材料。

纤维板构造均匀，而且完全克服了木材的各种疵病，不易胀缩、翘曲和开裂，各个方向强度一致并有一定的绝缘性。

硬质纤维可以代替木材，用于室内墙面、天花板、地板、家具等，软质纤维可用作保温、吸声材料。

3）刨花板

刨花板是利用木材加工时产生的碎木、刨花，经干燥、拌胶再压制而成的板材，也称碎木板。刨花板表观密度小、性质均匀、花纹美丽，但容易吸湿且强度不高，可用作保温、隔音或室内装饰材料。

4）复合板

复合板主要有复合地板及复合木板两种。复合地板是一种多层叠压木地板，板材80％为木质。这种地板通常是由面层、芯板和底层三部分组成，其中面层又是由经特别加工处理的木纹纸与透明的蜜胺树脂经高温、高压压合而成的；芯板是用木纤维、木屑或其他木质粒状材料等，与有机物混合经加压而成的高密度板材；底层为用聚合物叠压的纸质层。

小贴士

图8-4所示为胶合板。我国经济的快速增长，成为胶合板市场需求的强劲牵引力。华北、华东及长江中下游一带速生丰产林木材大量涌进市场，以及国外优质阔叶木材的不断补充，为中国胶合板工业的发展提供丰富的原材料。充足的人力资源，也是中国发展胶

合板工业与其他胶合板生产国相比占有优势的重要因素。中国胶合板产品质量本身也有大幅提升,在国际市场上的竞争力也越来越强。中国不仅是胶合板出口大国,还是世界第一大胶合板生产国。

图 8-4 胶合板

在胶合板生产中,派生出不少的花色品种,其中最主要的一种是在原来胶合板的板面上贴上一薄层装饰单板薄木,称为装饰单板贴面胶合板,市场上简称装饰板或饰面板。

值得注意的是,常见的饰面板分为天然木质单板饰面板和人造薄木饰面板。天然木质单板是用珍贵的天然木材,经刨切或旋切加工方法制成的单板薄木。人造薄木是使用价格比较低廉的原木旋切制成单板,经一定工艺胶压制成木方,再经刨切制成具优美花纹的装饰薄木。

通常天然木质单板饰面板所贴饰面单板往往是花纹好,价格高的树种,比如柏木、橡木、花梨木、水曲柳等。但是在商品名称中应当予以说明,比如称为"柏木贴面胶合板""水曲柳切片胶合板""樱桃木饰板"。几种称法中"贴面""切片""饰板"都反映了"饰板"的基本特征。

思考题

(1)木材有哪些应用?

(2)人造板材有哪些种类,其各自的特点是什么?

模块九 其他建筑功能材料

任务1 防水材料

学习目标

知识目标

(1)熟悉防水材料的概念。

(2)掌握防水卷材的种类及特点。

(3)掌握防水涂料的相关知识。

能力目标

(1)能理解防水涂料的应用。

(2)能阐述防水卷材和防水涂料的特征。

素质目标

(1)培养学生精益求精的精神。

(2)培养学生积极探索的科研精神。

任务分析

本任务学习防水材料、防水卷材、防水涂料等内容。

任务准备

防水措施是为防止水对建筑物某些部位的渗透而从建筑材料上采取的措施。

防水材料多使用在屋面、地下建筑、建筑物的地下部分和需防水的内室和储水构筑物等。那么有哪些防水材料呢?

知识准备

1. 防水材料

防水材料是建筑物的围护结构。防水材料的作用：防止雨水、雪水和地下水的渗透；防止空气中的湿气、蒸汽和其他有害气体与液体的侵蚀；防止给排水管道的渗漏。这些防渗透、侵蚀和渗漏的材料统称为防水材料。

近几年我国防水材料由传统的沥青基防水材料逐渐向高聚物改性防水材料和合成高分子防水材料方向发展。根据外观形态，防水材料可分为防水卷材、防水涂料和密封材料等。

2. 防水卷材

防水卷材主要是用于建筑墙体、屋面，以及隧道、公路、垃圾填埋场等处，起抵御外界雨水、地下水渗漏作用的一种可卷曲成卷状的柔性建材产品。其作为工程基础与建筑物之间无渗漏连接，是整个工程防水的第一道屏障，对整个工程起着至关重要的作用。

防水卷材要有良好的耐水性，对温度变化要有稳定性（高温下不流淌、不起泡、不滑动；低温下不脆裂），要有一定的机械强度、延伸性和抗断裂性、柔韧性、抗老化性等。防水卷材如图9-1所示。

图9-1　防水卷材

1）沥青防水卷材

沥青具有良好的憎水性、耐蚀性和牢固的黏结性能，是重要的防水材料。以沥青为防水基材，以原纸、织物、纤维等为胎基，用不同矿物粉料、粒料合成高分子薄膜、金属膜作为隔离材料所制成的可卷曲的片状防水材料，即为沥青防水卷材。常用的沥青防水卷材有石油沥青纸胎油毡、油纸和石油沥青玻璃布油毡等。

2）改性沥青防水卷材

改性沥青防水卷材相比传统的石油沥青纸胎油毡，在沥青中添加了适当的高聚物改性剂，改善了沥青防水卷材温度稳定性差、延伸率低的缺陷。

高聚物改性沥青防水卷材具有高温不流淌、低温不脆裂、拉伸强度较高和延伸率较大的特点。典型的改性沥青防水卷材品种有SBS改性沥青卷材和APP改性沥青卷材。

3）合成高分子防水卷材

合成高分子防水卷材是以橡胶、合成树脂或两者的共混体为基础，加入适量的助剂和填充料，经过特定工序所制成的防水材料。合成高分子防水卷材具有拉伸强度高、延伸率大、弹性强、高低温特性好、防水性能优异等特点。

合成高分子防水卷材一般可分为橡胶型防水材料和塑料型防水材料两大类。常用的合成高分子防水卷材的产品有三元乙丙橡胶防水卷材和聚氯乙烯防水卷材。

3. 防水涂料

防水涂料是在常温下呈黏稠状态的物质，涂抹在基体表面会形成具有一定弹性的连续薄膜，使基层表面与水隔绝，起到防水、防潮的作用。

市场上的防水涂料有两大类：一类为聚氨酯类防水涂料。这类材料一般是由聚氨酯与煤焦油作为原材料制成，它挥发出的焦油气毒性大，且不容易清除，逐渐被禁止使用。聚氨酯防水涂料，用沥青代替煤焦油作为原料，但在使用这种涂料时，一般采用含有甲苯、二甲苯等有机溶剂来稀释，因而这种涂料也含有毒性。另一类为聚合物水泥基防水涂料。这类材料由多种水性聚合物合成的乳液与掺有各种添加剂的优质水泥组成，聚合物（树脂）的柔性与水泥的刚性结为一体，使得它在抗渗性与稳定性方面表现优异。聚合物水泥基防水涂料的优点是施工方便、综合造价低、工期短且无毒环保。因此，聚合物水泥基防水涂料已经成为防水涂料市场的主角。

小贴士

铺贴防水卷材的基层面（找平层）必须打扫干净，并洒水保证基层湿润。用含水泥

10%～15%的聚乙烯醇胶液制备水泥素浆黏结剂,搅拌必须均匀、无沉淀及凝块,无离析现象。屋面主防水层施工前,应先对排水集中及结构复杂的细部进行密封处理。密封材料采用聚醚型聚氨酯,如选用其他密封材料,应不含矿物油、凡士林等影响聚乙烯性能化学性质的产品。转角处均应加铺附加层;阴阳角等处均做成半径为 20 mm 的圆弧形。防水卷材铺贴应采用满铺法,胶黏剂涂刷在基层面上应均匀,不露底,不堆积;胶黏剂涂刷后应随即铺贴卷材,防止时间过长影响黏结质量。铺贴防水卷材不得起皱折,不得用力拉伸卷材,边铺贴边排除卷材下面的空气和多余的胶黏剂,保证卷材与基层面,以及各层卷材之间黏结密实。铺贴防水卷材的搭接宽度不得小于 100 mm。

思考题

(1)防水材料有哪些应用?
(2)防水材料有哪些类型,其各有什么特点?
(3)防水涂料有什么特点?

任务 2　沥青

学习目标

知识目标

(1)了解沥青的概念。
(2)掌握黏滞性、塑性、稳定敏感性等性能指标。
(3)熟悉闪点和燃点的概念。

能力目标

(1)能理解沥青的组成。
(2)能阐述沥青的技术性能指标。

素质目标

(1)培养学生的安全意识。
(2)培养学生节约资源的意识。

任务分析

本任务学习沥青的组成、沥青的黏滞性、延性、温度敏感性、大气稳定性等技术性质。

任务准备

沥青的应用非常广泛,作为防水材料亦有很大的用途。那么沥青由哪些成分组成,沥青的使用有哪些技术性质呢?

知识准备

1. 沥青

沥青是由高分子碳氢化合物及其非金属(氧、氮、碳等)衍生物组成的极其复杂的混合物,在常温下一般呈黑色或黑褐色的固体、半固体或液体。沥青是一种无机的胶结材料,具有黏性、延性、耐蚀性及憎水性等,因此在建筑工程中主要用作防潮、防水、防腐材料,用于屋面、地下,以及其他防水工程、防腐工程和道路工程。

沥青主要分为地沥青和焦油沥青,地沥青又可分为天然沥青和石油沥青,焦油沥青可分为煤沥青、木沥青、页岩沥青。石油沥青是以原油为原料,经过炼油厂常压蒸馏、减压蒸馏等提炼后,提取汽油、煤油、柴油、重柴油、润滑油等产品后得到的渣油,通常这些渣油属于低标号的慢凝液体沥青。

2. 技术性质

沥青是一种褐色或黑褐色的有机胶凝材料,是土木工程建设中不可缺少的材料。在建筑、公路、桥梁等工程中有着广泛的应用。沥青防水涂料是以沥青为基料配置的溶剂型或水乳型防水涂料,溶剂型沥青防水涂料是将未改性的石油沥青直接溶解于汽油等溶剂中而配制成的,又称为冷底子油。水乳型沥青防水涂料是将石油沥青在化学乳化剂或矿物乳化剂作用下,分散于水中,形成稳定的水分散体构成的涂料。沥青的技术性质:

1)黏滞性

黏滞性(简称黏性),是沥青在外力作用下抵抗变形的能力。沥青在工程使用中可能受到各种力的作用,如重力、温度应力、车轮荷载等。在沥青路面中,沥青作为黏结材料将矿料黏结起来,然后其就具有强度,沥青的黏滞性决定了路面的力学性能。为防止路面夏天出现车辙、冬天出现开裂,沥青的黏滞性选择是首要考虑的因素。沥青的黏性通常用黏度表示。测定液体沥青等材料流动状态的黏度时,应采用标准黏度计,该试验方法是:在标准黏度计中,液体状态的沥青,于规定的温度条件下,通过规定的流孔直径,流出50 mL,所需的时间被称为沥青的黏度。在温度和流孔直径相同的条件下,流出时间愈长,沥青黏度愈大。

2）延性

一般可用延度表示沥青的延性，延度是当其受到外力拉伸作用时，所能承受塑性变形的总能力。沥青的延性通常以延度作为条件延性指标来表征，沥青延度值的大小直接反映了工程中沥青在外力作用下，保持内部结构连续或抵抗开裂的能力。沥青的延度值测量是将沥青试样制成8字形标准试件（最小断面1 cm^2），在规定的试验温度（通常为25 ℃或15 ℃）和拉伸速度（通常为5 cm/min）条件下，拉断时的长度伸长值（以cm计）。在科研中有时需测定沥青低温时的延度，其拉伸速度常为1 cm/min。

3）温度敏感性

沥青是一种组成和结构非常复杂的非晶质高聚物，它由液态转变为固态时，没有敏感的固化点或液化点。对于沥青的物理性质与温度之间的关系，通常采用产生硬化与滴落时相对应的某一温度区域范围来表示，在此温度区间内，沥青是一种黏滞流动状态。在实际工程中，为保证沥青不致由于温度升高而产生流动的状态，取这一温度区间的0.8721倍作为反映沥青物理状态与温度之间关系的参数，并称之为软化点，软化点用环球法测定。

4）大气稳定性

大气稳定性（也称抗老化性）指沥青长期在阳光、空气、温度等的综合作用下，性能稳定的程度。沥青在上述的这些因素的综合作用下，逐渐失去黏性、塑性，而变脆变硬的现象称为沥青的老化。沥青的大气稳定性用蒸发前后的减量值及针入度比来表示。大气稳定性的好坏反映了沥青的使用寿命的长短。大气稳定性好的沥青耐老化，使用寿命长。

5）闪点与燃点

沥青的闪点与燃点也不可忽视。闪点（也称闪火点）指沥青加热产生的可燃气体与空气的混合物在规定的条件下与火焰接触，初次产生蓝色闪光时的沥青温度。燃点（着火点）指沥青加热产生的可燃气体与空气的混合物，与火焰接触能维持燃烧5 s以上，此时沥青的温度就为燃点。燃点是沥青可持续燃烧的最低温度，燃点温度比闪点温度高约10 ℃。

小贴士

改革开放以来中国的经济一直保持着稳速增长，公路交通建设突飞猛进，我国道路沥青生产企业也得到了迅猛发展。重交沥青和改性沥青实现了从无到有、由少到多的飞跃，为我国道路建设做出了巨大贡献。图9-2所示为沥青。

用沥青来养护路面通常分为三种类型：预防性养护、矫正性养护、应急性养护。这三种养护方式可以根据路面的使用情况来选择,每一种养护形式又需要选择不同的养护方法和养护设备。三种养护措施的差异主要体现在路面状况和通车时间长短上。预防性养护是路面出现破损前就进行养护;矫正性养护指修补路面的局部损害或对某些特定的病害进行处理;应急性养护是在紧急情况下进行的养护措施,例如,路面爆裂和严重坑槽需要进行应急性养护后才能通车。

现如今我国沥青行业已进入规模化、集中化的快速发展阶段,人们对沥青也越来越了解,因为沥青的用量不仅大,而且还非常的广泛,不管是乡村里的小街道,城市里的大道,还是高速公路都离不了沥青的使用,所以沥青回收成了非常火爆的话题。

我国普通的道路沥青生产厂家众多,但是专业的沥青生产厂家比较少,我们应该逐步提高专业沥青的厂家,来弥补不断增长的专业沥青市场需求。

图 9-2 沥青

思考题

(1)简述沥青的组成成分。
(2)沥青的技术性质有哪些?

任务 3　沥青防水制品

学习目标

知识目标

(1)了解沥青防水制品。

(2)掌握沥青防水卷材的分类。

(3)掌握冷底子油和沥青胶。

(4)掌握乳化沥青、沥青嵌缝油膏。

能力目标

(1)能理解沥青防水卷材的特点。

(2)能阐述冷底子油、沥青胶的特性。

(3)能理解乳化沥青的特点及其应用范围。

素质目标

(1)培养学生节能环保的意识。

(2)培养学生锐意进取的精神。

任务分析

本任务学习沥青防水制品、沥青防水卷材、冷底子油、沥青胶、乳化沥青和沥青嵌缝油膏等内容。

任务准备

沥青作为一种应用性非常大的防水材料,有哪些沥青防水制品呢?

知识准备

1. 沥青防水制品

沥青的使用方法很多,可以融化后热用,也可以加熔剂稀释或使其乳化后冷用。沥青可以制成沥青胶用来粘贴防水卷材,也可以制成沥青防水制品及配置沥青混凝土。

2. 沥青防水卷材

沥青防水卷材可以分为有胎的浸渍卷材和无胎的辊压卷材。

1)浸渍卷材

浸渍卷材是用原纸、玻璃纸、石棉布、麻布、合成纤维布等为胎料,经浸渍沥青后所制得的卷状材料。其中纸胎沥青卷材最为常见。它包括石油沥青纸胎油毡(简称油毡)和石油沥青油纸(简称油纸)。油毡是将低软化点石油沥青浸渍原纸用高软化点石油沥青覆盖油纸两面,再涂或撒隔离材料所制成的一种纸胎卷材。油毡按所选用的隔离材料可分为粉状油毡和片状油毡。油毡分为 200 号、350 号和 500 号 3 种,并按浸渍材料总量和物理性质分为合格品、一等品和优等品三个等级。

施工时必须先将隔离材料清除掉,以免影响粘贴质量。储存运输时,卷材应立放,堆放高度不超过 2 层,并应防潮、防晒、防雨淋。

2）辊压卷材

沥青再生橡胶油毡是一种常见的辊压卷材,它是采用再生橡胶、10 号石油沥青和石灰石粉等填料,经混炼、压制而成的,具有抗拉强度大、弹性好、低温柔韧性好、不透水性及耐蚀性强等优点,适用于重要建筑物缝处防水。

3. 冷底子油和沥青胶

沥青胶主要用于粘贴防水材料,为了提高与基层的黏结力,常在基层上先涂一层冷底子油。冷底子油是用建筑石油沥青加入汽油、煤油、轻柴油,或者将软化点为 50~70 ℃ 的沥青加入苯,融合而配制成沥青溶液,其可以在常温下涂刷,故称冷底子油。

1）冷底子油

冷底子油作用机理:涂刷在多孔材料表面并逐渐渗入材料孔隙,溶剂挥发后沥青形成沥青膜(牢固结合于基层表面,且具有憎水性)。配制时,常使用 30%~40% 的石油沥青和 60%~70% 的溶剂(汽油或煤油),首先将沥青加热至 180~200 ℃,脱水后冷却至 130~140 ℃,并加入溶剂量的 10% 的煤油,待温度降至 70 ℃ 时,再加入余下的溶剂(汽油),搅拌均匀。冷底子油最好是现用现配。若需要储藏,应使用密闭容器,以防溶剂挥发。

2）沥青胶

沥青胶是在沥青中加入适量的矿质粉料或加入部分纤维状填料配置而成的材料。其具有较好的黏性、耐热性和柔韧性,主要用于粘贴卷材、嵌缝、接头、补漏及做防水层的底层。沥青胶分为热用和冷用两种。热用沥青胶,是将 70%~90% 的沥青加热至 180~200 ℃,使其脱水后,与 10%~30% 的干燥填料热拌混合均匀制得的。冷沥青胶是将 40%~50% 的沥青融化脱水后,缓慢加入 25%~30% 的溶剂,再掺入 10%~30% 的填料,混合拌匀制得的。冷用沥青胶比热用沥青胶施工方便,涂层薄,节省沥青;但是耗费溶剂,成本高。根据使用要求沥青胶应具有良好的黏结性、耐热性和柔韧性。

4. 乳化沥青

乳化沥青是指把沥青加热熔融,在机械搅拌力的作用下,以细小的微粒分散于含有乳化剂及其助剂的水溶液中形成的水包油型乳液。根据所用乳化剂电性的不同,分为阳离子乳化沥青、阴离子乳化沥青、非离子乳化沥青等。

乳化沥青的特点：①可在常温下进行涂刷或喷涂；②可以在较潮湿的基层上施工；③具有无毒、无味、干燥较快的特点；④不使用有机溶剂，费用较低，施工效率高。

将乳化沥青涂刷防水基层后，水分不断地蒸发，沥青微粒不断靠近，逐渐撕破乳化剂膜层，沥青微粒凝聚成膜与基层黏结形成防水层。一般来说，基层愈干燥，环境温度愈高，空气流通性愈好，沥青微粒愈小，乳化沥青的成膜速度愈快。制作乳化沥青用的乳化剂有很多种，如石灰膏、动物胶、肥皂、洗衣粉、水玻璃、松香等。选用不同品种的乳化剂，就能得到不同品种的乳化沥青。乳化沥青在成膜后应具有一定的耐热性、黏结性、韧性和防水性等。

乳化沥青具有一定的防水性和耐蚀性。由于沥青本身性能的限制，乳化沥青防水涂料的使用寿命短，抗裂性、抗低温性和耐热性等性能较差，适用于防水等级为Ⅲ、Ⅳ级的工业与民用建筑屋面、厕浴间防水层和地下防潮、防腐涂层的施工，是廉价低档的防水涂料。因此，乳化沥青防水涂料的生产及应用正逐渐减少。

5. 沥青嵌缝油膏

沥青嵌缝油膏是以石油沥青为基料，掺入稀释剂、改性材料及填充料混合配制而成的冷用膏状材料，主要作为封缝材料用于屋面、墙面沟、槽等处的防水层。使用效果较好的有建筑防水沥青嵌缝油膏、马牌建筑油膏、聚氯乙烯胶泥等。

(1) 沥青防水卷材有哪些类型，其各自有什么特点？
(2) 乳化沥青有什么特点？
(3) 冷底子油、沥青胶有什么特点？

任务 4　新型防水材料

知识目标

(1) 了解新型防水材料的概念。
(2) 掌握沥青基的防水材料、橡胶基和树脂基防水材料的特点。
(3) 掌握粉状防水涂料的特点。

能力目标

(1) 能理解沥青基的防水材料的特性。

(2) 能理解橡胶基和树脂基防水材的特性。

素质目标

(1) 培养学生的创新意识。

(2) 培养学生团队协作的精神。

任务分析

本任务学习新型防水材料、沥青基防水材料、橡胶基和树脂基防水材料、粉状防水涂料等内容。

任务准备

目前在工程上应用的新型防水材料有哪些呢？它们各自有什么特点呢？

知识准备

1. 新型防水材料

我国的建筑防水一直沿用石油沥青防水材料。由于沥青在低温下易脆裂，高温下易流淌，而且老化较快，因此容易出现一些工程质量问题，这对建筑物的使用功能和使用寿命产生了严重的影响。为了改变这一状况，适应建筑现代化的需要，近年来我国已研制生产了一批新型防水材料。

2. 沥青基的防水材料

沥青基类的防水涂料可分为溶剂型涂料和水乳型涂料。实际上，冷底子油、沥青胶（溶剂型）和乳化沥青（水乳型）都属于防水涂料。

溶剂型沥青防水涂料最常用的是再生橡胶沥青防水涂料，它是由再生橡胶、沥青和汽油为主要原料，经再生和研磨制浆后制得的。此外，还有JC-1冷水胶料、氯丁-1防水涂料、鱼油改性沥青涂料等。

水乳型沥青涂料是将改性材料经乳化后制成乳胶，将石油沥青制成乳化沥青，再将二者按比例进行混溶而得。常见的水乳型沥青涂料有JC-2型冷胶料、水性石棉沥青防水涂料、弹性沥青防水涂料、氯丁胶乳沥青防水涂料等。

防水涂料常用于冷法施工，经涂刷后可在防水基层形成一坚韧的防水膜层。

3. 橡胶基和树脂基防水材料

随着合成高分子材料的发展,以合成橡胶、树脂等为主体的高效能防水材料,得到了广泛地开发与应用。这类材料采用冷加工,铺设单层防水层,其效果远超过热施工的多层沥青油毡防水层。

我国当前生产的这类防水材料有防水卷材和防水涂料,防水卷材如三元乙丙橡胶卷材,氯丁橡胶防水卷材,聚氯乙烯(PVC)防水卷材,氯化聚乙烯防水卷材等;防水涂料如氯丁橡胶-海帕仑涂料、低分子量丁基橡胶涂料、硅酮涂料及聚氨酯涂料等。

4. 粉状防水涂料

我国于20世纪80年代末成功研制出一种粉状的防水材料。它是以无机非金属为原料,并在表面涂以强憎水性的有机高分子材料。其用轻质的粉状颗粒构成防水层,因此又可以起到保温隔热的效果,常称为防水隔热粉。施工时将防水隔热粉铺撒于找平层上,然后再加一层牛皮纸作为隔离层,最后在隔离层上面加细石混凝土作为防水粉的保护层。这样,不仅防止了粉层的改变,同时也防止了防水隔热粉表面高分子材料的老化变质。

这种粉状防水材料适用于平屋面的防水工程及地下工程等,具有良好的应变性能,能抗热胀冷缩、抗震动,使防水性能不受基层裂缝的影响。

小贴士

随着科技的发展,新型的防水材料不断被研发出来,最为常见的大致有4种:高分子防水卷材、HG203防水密封涂料、沥青基防水材、聚合物水泥防水涂料。主要是在环保和施工方面做到了很大的提升,比如高分子防水卷材、HG203防水密封涂料和聚合物水泥防水涂料都偏向于环保,而高分子防水卷材、沥青基防水材料和聚合物水泥防水涂料的施工也更为简单。

(1)高分子防水卷材:这种材料施工简便,后期无须养护,耐候性好,用途非常广泛。种类有均质片和复合片两大类,根据材料的不同又可细分为橡胶类和树脂类。高分子防水卷材施工厚度均匀,如果偷工减料会很容易发现,所以施工质量都很有保障。其优点是施工简单、施工周期短、适用于各种环境、拉伸强度高、抗撕裂、抗断裂等;缺点是成本高、易老化、耐久性较差、找漏修补较为困难。

(2)HG203防水密封涂料:这种防水涂料采用进口原料,结合最新高科技技术研制而成,它属于反应固化型产品,固化剂为水,非常绿色环保,适用于各种高要求的场所,比如饮水工程等。其优点是绿色环保、无毒无害、抗拉伸、黏结湿度高、防霉阻燃、耐寒耐热等;缺点是对施工技术要求较高、工期较长、需多次涂刷。

(3)沥青基防水材料:由于使用的沥青基不同,所以具体的种类也很多,主要分为溶剂型和水乳型两大类,溶剂型是将有机溶剂(如汽油、煤油等)与沥青稀释制成,水乳型是以水和乳化剂与沥青稀释制成。其优点是黏结力强、耐高低温、施工操作简单等;缺点是做出来的防水层不太美观、容易留下漏水隐患、后期维护较难。

(4)聚合物水泥防水涂料:简称JS-复合防水涂料,由有机和无机材料复合制成,适用防水防潮工程、游泳池、卫浴间等场景。其优点是施工简单快捷、防水性与耐久性好、无毒无害、可以根据施工方要求添加各种颜料,装饰性较好;缺点是受环境温度制约较大,运输和储存较为麻烦,并且对基面的平整度有一定的要求。

(1)简述沥青基的防水材料的特性。
(2)简述橡胶基和树脂基防水材料的特性。

任务 5　绝热材料

知识目标

(1)了解绝热材料的概念。
(2)熟悉绝热材料的分类。
(3)掌握常用绝热材料的类型及特点。
(4)掌握绝热材料的使用要求和施工方法。

能力目标

(1)能理解绝热材料的工作原理。
(2)能合理选择合适的绝热材料。

素质目标

(1)培养学生节能环保的意识。
(2)培养学生团队协作的精神。

本任务学习绝热材料的概念、绝热材料的分类、常用的绝热材料、绝热材料的使用要求和施工方式等内容。

任务准备

在工程中,有好多地方都会用到绝热材料,绝热材料有哪些特性呢?如何选择合适的绝热材料呢?

知识准备

1. 绝热材料概念

建筑上将主要起保温、绝热作用,且导热系数不大于 0.23 W/(m·K)的材料统称为绝热材料。绝热材料是指能阻滞热流传递的材料,又称热绝缘材料。传统绝热材料,有玻璃纤维、石棉、岩棉、硅酸盐等;新型绝热材料,有气凝胶毡、真空板等。绝热材料用于建筑围护或者热工设备,是阻抗热流传递的材料或者材料复合体,其既包括保温材料,也包括保冷材料。绝热材料一方面满足了建筑空间或热工设备的热环境,另一方面也节约了能源。

绝热材料主要用于屋面、墙体、地面、管道等的隔热与保温,以减少建筑物的采暖和空调能耗,并保证室内的温度适宜于人们工作、学习和生活。绝热材料的基本结构特征是轻质(体积密度不大于 600 kg/m³)、多孔(孔隙率一般为 50%~95%)。

2. 绝热材料分类

绝热材料一般是轻质、疏松、多孔的纤维状材料。按其成分不同可以分为有机绝热材料和无机绝热材料两大类。

热力设备及管道保温用的多为无机绝热材料。此类材料具有不腐烂、不燃烧、耐高温等特点,如石棉、硅藻土、珍珠岩、气凝胶毡、玻璃纤维、泡沫混凝土和硅酸钙等。

低温保冷工程多用有机绝热材料。此类材料具有表观密度小、导热系数低、原料来源广、不耐高温、吸湿时易腐烂等特点,如软木、聚苯乙烯泡沫塑料、聚氨基甲酸酯、牛毛毡和羊毛毡等。

3. 常用的绝热材料

(1)矿渣棉:体积密度为 80~150 kg/m³,导热系数小于 0.044 W/(m·K),一般用作绝热保温填充材料。

(2)岩棉板:体积密度为 80~160 kg/m³,导热系数为 0.040~0.050 W/(m·K),最高

使用温度为400～600 ℃,用于墙体、屋面、冷藏库、热力管道等。

(3)膨胀珍珠岩制品:体积密度为200～500 kg/m³,导热系数为0.055～0.116 W/(m·K),抗压强度为0.2～1.2 MPa,水玻璃膨胀珍珠岩制品的性能较好,用于屋面、墙体、管道等。

(4)膨胀蛭石:堆积密度为80～200 kg/m³,导热系数为0.046～0.07 W/(m·K),最高使用温度为1000～1100 ℃,一般用作保温绝热填充材料。

4. 使用要求

绝热材料除应具有较小的导热系数外,还应具有一定的强度、抗冻性、耐水性、防水性、耐热性、耐低温性和耐蚀性,有时还要求吸湿性或吸水性能低等。

优良的绝热材料应是具有很高的孔隙率(且以封闭、细小孔隙为主)、吸湿性和吸水性较小的有机或无机非金属材料。

5. 施工方法

绝热材料按照施工方法的不同可分为湿抹式绝热材料、填充式绝热材料、绑扎式绝热材料、包裹及缠绕式绝热材料和浇灌式绝热材料。

(1)湿抹式:将石棉、石棉硅藻土等保温材料加水调和成胶泥涂抹在热力设备及管道的外表面上。

(2)填充式:在设备或管道外面做成罩子,其内部填充绝热材料,如填充矿渣棉、玻璃棉等。

(3)绑扎式:将一些预制保温板或管壳放在设备或管道外面,然后用铁丝绑扎,外面再涂保护层材料。绑扎材料有石棉制品、膨胀珍珠岩制品、膨胀蛭石制品和硅酸钙制品等。

(4)包裹及缠绕式:把绝热材料做成毡状或绳状,直接包裹或缠绕在被绝热的物体上。包裹及缠绕材料有矿渣棉毡、玻璃棉毡、石棉绳和稻草绳等。

(5)浇灌式:将发泡材料在现场灌入被保温的管道、设备的模壳中,经现场发泡成保温(冷)层结构。

小贴士

图9-3所示为绝热材料。绝热材料分为多孔材料、热反射材料和真空材料三类。前者利用材料本身所含的孔隙隔热,因为空隙内的空气或惰性气体的导热系数很低,如泡沫材料、纤维材料等;热反射材料具有很高的反射系数,能将热量反射出去,如金、银、镍、铝箔或镀金属的聚酯、聚酰亚胺薄膜等。真空绝热材料是利用材料的内部真空达到阻隔对流来隔热。航空航天工业对所用隔热材料的重量和体积要求较为苛刻,往往还要求它兼

有隔音、减振、防腐蚀等性能。各种飞行器对隔热材料的需求不完全相同。飞机座舱和驾驶舱内常用泡沫塑料、超细玻璃棉、高硅氧棉、真空隔热板来隔热。导弹头部用的隔热材料早期是酚醛泡沫塑料,随着耐温性好的聚氨酯泡沫塑料的应用,又将单一的隔热材料发展为夹层结构。导弹仪器舱的隔热方式是在舱体外蒙皮上涂一层数毫米厚的发泡涂料,在常温下作为防腐蚀涂层,当气动加热达到 200 ℃ 以上后便均匀发泡而起隔热作用。人造地球卫星在高温、低温交变的环境中运动,须使用高反射性能的多层隔热材料,一般是由几十层镀铝薄膜、镀铝聚酯薄膜、镀铝聚酰亚胺薄膜组成。另外,表面隔热瓦的研制成功解决了航天飞机的隔热问题,同时也标志着隔热材料发展到了更高水平。

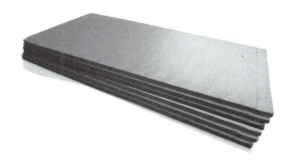

图 9-3 绝热材料

(1)什么是绝热材料?

(2)绝热材料有哪些类型?

(3)绝热材料有哪些使用要求?

任务 6　吸声材料和装饰材料

学习目标

知识目标

(1)了解吸声材料的特点。

(2)掌握吸声材料的分类。

(3)掌握装饰材料的特点。

(4)掌握装饰材料的分类。

能力目标

(1)能理解吸声材料的工作原理。

(2)能合理选择吸声材料和装饰材料。

素质目标

(1)培养学生节能环保的意识。

(2)培养学生积极探索的创新精神。

任务分析

本任务学习吸声材料的概念、吸声材料的分类、装饰材料等内容。

任务准备

吸声材料和装饰材料在建筑工程中必不可少,那么它们有哪些特点和类型呢?如何根据需要合理地选择吸声材料和装饰材料呢?

知识准备

1. 吸声材料的概念

建筑结构中将主要起吸声作用,且吸声系数不小于0.2的材料称为吸声材料。吸声材料要与周围的传声介质的声特性阻抗匹配,使声能无反射地进入吸声材料,并使入射声能绝大部分被吸收。

吸声材料主要用于大中型会议室、教室、报告厅、礼堂、播音室、影剧院等的内墙壁、吊顶等。吸声材料主要分为多孔吸声材料、柔性吸声材料(具有封闭孔隙和一定弹性的材料,如聚氯乙烯泡沫塑料等)。

2. 吸声材料分类

吸声材料按吸声机理分为两类。

(1)第一类吸声材料为靠从表面至内部许多细小的敞开孔道使声波衰减的多孔材料,其以吸收中高频声波为主,有纤维状聚集组织的各种有机或无机纤维及其制品,以及多孔结构的开孔型泡沫塑料和膨胀珍珠岩制品。

(2)第二类吸声材料为靠共振作用吸声的柔性材料(如闭孔型泡沫塑料,吸收中频)、膜状材料(如塑料膜或布、帆布、漆布和人造革,吸收低中频)、板状材料(如胶合板、硬质纤维板、石棉水泥板和石膏板,吸收低频)和穿孔板(各种板状材料或金属板上打孔而制得,吸收中频)。

以上两类材料复合使用,可扩大吸声范围,提高吸声系数。用装饰吸声板贴壁或吊顶,多孔材料和穿孔板或膜状材料组合装于墙面,甚至采用浮云式悬挂,都可控制室内噪声。多孔材料除吸收空气声外,还能减弱固体声和空室气声所引起的振动。将多孔材料填入各种板状材料组成的复合结构内,可提高隔声能力并减轻结构重量。

3. 常用吸声材料

多孔吸声材料的主要特征是轻质、多孔,且以较细小的开口孔隙或连通孔隙为主。

建筑上对吸声材料的主要要求是有较高的吸声系数,同时还要求材料应具有一定的强度、耐水性、耐候性、装饰性、防水性、耐火性、耐蚀性等。

常用的吸声材料有石膏砂浆、水泥膨胀珍珠岩板、矿渣棉、玻璃棉、超细玻璃棉、酚醛玻璃纤维板、泡沫玻璃、脲醛泡沫塑料、软木板、木丝板、穿孔纤维板、胶合板和穿孔胶合板等。

3. 装饰材料的概念

建筑工程上将主要起装饰和装修作用的材料称为装饰材料。装饰材料主要用于建筑物的内外墙面、地面、吊顶、室内环境等的装饰和装修。

建筑工程上使用的装饰材料除具有适宜的颜色、光泽、线条与花纹图案、质感,即装饰性之外,还应具有一定的强度、硬度、防火性、阻燃性、耐火性、耐候性、耐水性、抗冻性、耐污染性、耐蚀性等,有时还要具有一定的吸声性、隔声性和隔热保温性。

4. 常用装饰材料

常用的建筑装饰材料有人造石材、陶瓷制品、玻璃制品、装饰混凝土、装饰砂浆、金属装饰材料和装饰涂料,另外还有塑料装饰材料。

装饰材料按用途分,主要分为两类:室内装饰材料与室外装饰材料。按照材料材质及形状来分,室内装饰材料可以分为板材、片材、型材、线材,而材料则有涂料、实木、压缩板、复合材料、夹芯结构材料、泡沫、毛毯等;室外装饰材料主要有水泥砂浆、剁假石、水磨石、彩砖、瓷砖、油漆、陶瓷面砖、玻璃幕墙、铝合金等。

常用的室内装饰材料有涂料、胶合板、实木、复合材料、夹层结构材料等。

(1)涂料主要有以下几类:低档水溶性涂料、乳胶漆、多彩喷涂、膏状内墙涂料。

(2)胶合板:为内墙饰面板中的主要类型,按其层数可分为三合板、五合板等,按其树种可分为水曲柳、榉木、楠木、柚木等板材。

(3)实木:常用于制作装饰板、地板等,常见的木种有水曲柳、杨木、松木、橡木等。

（4）复合材料及夹层结构材料：如今越来越多的复合材料及夹层结构材料产品也已被用于室内装饰，并用于制作诸如家具、内墙、地板、防火层等，由于复合材料和夹层结构材料较传统的胶合板及实木具有更好的环保性能、加工性能及强度，因此已经被越来越广泛地应用于室内装饰。PET泡沫芯材具有良好的隔热、防火性能，而且成本较低、重量轻且强度良好。以巴沙轻木为芯材的夹层结构材料具有良好的防潮性能，且重量轻、强度好。

小贴士

图9-4所示为吸声材料。根据建筑材料的设计要求和吸声材料的特点，进行材质、造型等方面的选择和设计。建筑上常用的吸声材料有泡沫塑料、脲醛泡沫塑料、工业毛毡、泡沫玻璃、玻璃棉、矿渣棉、沥青矿渣棉、水泥膨胀珍珠岩板、石膏砂浆（掺水泥和玻璃纤维）、水泥砂浆、砖（清水墙面）、软木板等，每一种吸声材料对厚度、容重、各频率下的吸声系数及安装情况都有要求，应执行相应的规范。建筑上应用的吸声材料一定要考虑安装效果。

在建筑物内安装吸声材料，应尽量装在容易接触声波和反射次数多的表面上，也要考虑分布的均匀性，不必都集中在天棚和墙壁上。大多数吸声材料强度较低，除安装操作时要注意之外，还应考虑防水、防腐、防蛀等问题。尽可能使用吸声系数高的材料，以便使用较少的材料达到较好的效果。

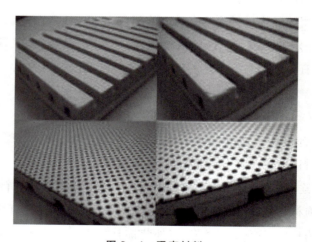

图9-4 吸声材料

思考题

（1）简述吸声材料的特点。
（2）吸声材料有哪些类型？
（3）列举常用的装饰材料。

附录　工地试验室管理制度

附录 A　试验室人员职责

1. 按照《公路工程施工监理规范》(JTG G10—2016)的要求开展试验监理工作。

2. 检查验收施工单位工地试验室、仪器设备和试验检测人员上岗情况；监督检查施工单位试验仪器设备的校准（检定）情况、试验检测频率、方法、结果等。

3. 负责现场试验项目抽检、各种材料抽检等试验检测工作；全过程监督检查首件工程的试验情况，审查和评价试验检测结果，及时准确地为总监理工程师和专业监理工程师提供评价报告；进行平行验证试验与审核工作，按照招标文件、合同等规定的频率对所有工程进行抽检工作。

4. 负责核实、汇编各项试验标准、规程及检测项目、频率，编制各种试验表格，提供各种试验统计台账的格式；配合项目公司、第三方检测、质量监督部门进行质量检查工作；参加工程的中间交工验收和竣工验收。

5. 负责对关键材料的料源考察、审核工作，负责对粗细集料等材料的料源考察、审批工作。

6. 负责水泥混凝土配合比及路面基层、底基层、沥青混合料配合比等的验证审批工作。

7. 负责对施工单位选择外委试验检测机构的申请进行审查，审查合格并征得项目公司同意后进行批复。

8. 指导、监督、检查施工单位试验室工作，制订工作制度和管理制度。定期（或不定期）对施工单位的试验设备性能、试验人员操作方法、外委检测试验情况及资料管理等工作进行检查。

9. 负责试验资料的整理、保管和归档工作。

10. 参加新技术、新工艺、新材料、新设备的试验工作及鉴定、推广工作；参加工程项目技术、质量问题的处理。

11. 参与质量缺陷与质量事故的调查处理工作。

12. 完成总监理工程师交办的其他工作。

附录 B　授权负责人岗位职责

1. 工地试验室授权负责人（主任）对工地试验室运行管理工作和试验检测活动全面负责。

2. 审定和管理工地试验室资源配置，确保工地试验室人员、设备、环境等满足试验检测工作需要。签发工地试验室出具的试验检测报告，对试验检测数据及报告的真实性、准确性负责。

3. 建立完善的工地试验室质量保证体系和管理制度，包括人员、设备、环境，以及试验检测流程、样品管理、有效文件（指标准、规范、试验规程和作业指导书等）管理、操作规程、不合格品处理等各项制度，监督各项制度的有效执行。

4. 严格按照国家和行业标准、规范、规程，以及合同的约定独立开展试验检测工作。有权拒绝影响试验检测活动公正性、独立性的外部干扰和影响，保证试验检测数据客观、公正、准确。

5. 定期主持召开试验专题办公会议，讨论和研究生产中的问题，并针对出现的质量问题认真分析原因，制定对策。

6. 负责签发和管理试验检测资料，可以指定试验工程师（资料员）实施具体管理工作。

7. 对本室的安全生产全面负责。

8. 完成领导交办的其他工作。

附录 C 试验检测工程师岗位职责

1. 负责试验检测监理工作,协助试验室对工程材料、成品进行质量控制,对工地试验室授权负责人负责。

2. 熟悉合同条款、技术规范、设计图纸和试验规程,监督工地试验室工作,督促施工单位提供足够的试验人员、仪器设备,满足工地试验、材料控制要求。

3. 检查工地试验仪器设备的调校和运转情况,督促施工单位定期进行标定,以保证所有试验设备在足够精度下进行工作。

4. 监督施工单位按规范要求的频率进行试验,重要的工地试验和室内试验,必须组织监理旁站。

5. 检查承包人各项试验工作,对所有试验记录复核签证,对任何有怀疑的试验进行验证试验。

6. 审查和评价试验结果。

7. 检查材料的加工、各种材料的堆放、材质和规格是否满足技术规范与设计要求,并按合同文件规定进行抽样试验。

8. 整理各项试验记录、报告,并分类归入试验档案。

9. 按时审核试验报告和试验汇总表。

10. 完成领导交办的其他工作。

附录 D 助理试验检测师岗位职责

1. 在试验室授权负责人和试验检测师的领导下认真履行自己所担负的试验技术业务工作。
2. 熟悉技术文件、试验规范和规程、试验设备的操作规程与维修保养工作。
3. 严格按试验规程完成各项试验工作,认真做好记录。
4. 在规定时间内准确、科学地提交试验报告,密切配合指导施工。
5. 对试验数据的真实性、可靠性负责。
6. 完成领导安排的其他工作。

附录 E 检测工作流程图

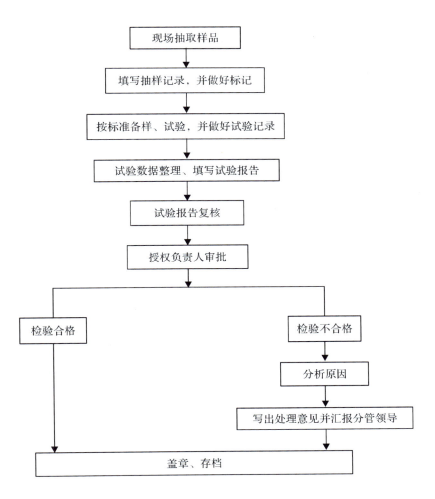

附录 F 质量保证体系

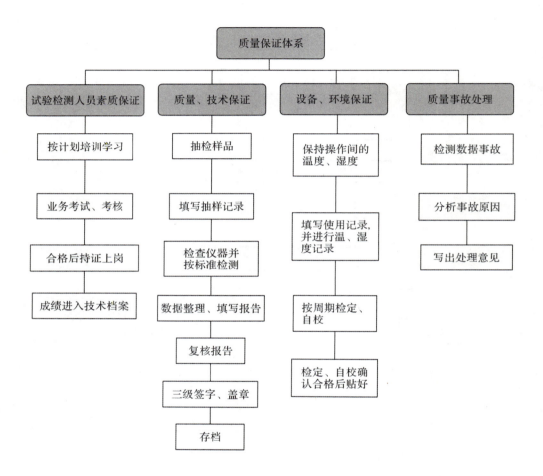

附录 G 试验检测资料管理制度

1. 认真填写原始记录,术语规范,数据准确,精度及修约规则应符合国家标准规定,不得涂改,如确定更改,作废划两条水平线、加盖试验室章并签名,将正确的填在上方。

2. 原始记录由试验人、审核人签字后有效,试验报告由授权负责人签发后统一归档,保存期一般不少于两年或根据工程项目要求保存。

3. 试验报告是试验检测工作的集中反映,是工程质量好坏的判定依据,必须保证其准确性。

4. 试验报告按统一格式,一律由助理试验检测师填写,不准涂改,采用的技术术语、项目齐全,字迹清晰,文字简洁,数据准确。

5. 试验报告经试验人、审核人、授权负责人三级签字后方可发出,否则报告无效。

6. 技术资料由专人管理,严格保守技术机密。

7. 技术资料归档时应统一编号,建立卷内目录,便于试验人员借阅、办理手续。其他人员借阅原始记录及试验报告时,须经试验室负责人批准。

附录 H 试验室档案管理制度

1. 试验室应将各类文件、记录、资料及时归档,归档的资料包括技术性资料、文件,各类作业指导书、标准、规范,仪器设备档案,技术人员档案,检测报告和检测原始记录等。

2. 有关人员在其职责范围内整理需归档的文件资料后,档案管理员统一归档。档案管理员应检查归档资料的完整性和规范性,对符合要求的资料应作交接手续,不符合规定的文件有权拒收直至符合要求为止。

3. 档案管理员对接收的资料应进行分类、编目、登记、统计和必要的加工整理。

4. 应有必要的设施保证档案储存环境条件的符合性,如采取防潮、防尘、防蚁等措施。

5. 档案存放应有明显的标识,并采取有效的防护措施以保证档案储存的安全,档案管理员应定期检查档案的保存情况,对损坏的档案应采取修补措施。

6. 档案管理员应做好档案的保密工作,其他人员借阅档案资料时,须经试验室负责人批准。

7. 工程竣工验收后,收集资料,上交竣工资料,并报母公司备份。

附录 I 试验室安全及环境管理制度

1. 试验室人员在试验过程中，要严格遵守操作规程，不得擅自离开工作岗位，非试验人员不得擅自进入试验室。

2. 试验人员操作电器设备前，应首先进行外观检查，如有不正常之处，及时处理解决，否则不得使用，试验过程中发现异常应立即停止试验，试验结束后，应及时切断电源。

3. 试验室内严禁吸烟。

4. 试验室内的易燃、易爆物品须设专人保管，使用明火必须远离易燃、易爆物品。

5. 若在试验过程中会产生刺激性气体和有毒气体，必须在通风橱内操作，室内应保持空气流通。

6. 使用强腐蚀性药品或有毒药品，除了要遵守操作规程外，还要有严格防护措施，以防发生意外。

7. 室内试件应码放整齐，地面无杂物，禁止存放与试验无关的物品。

8. 使用万能试验机时，应注意试件迸溅，机旁不许站人。

9. 搬放仪器、试件等重物时，应注意稳拿稳放，防止失手砸脚或碰伤别人。

10. 做完试验后须切断电源，并关闭阀门及门窗等。

11. 消防器材性能应保持完好，应放置在用取方便的地方，并要有明显标志，严禁挪作他用。

12. 为确保安全，各试验应经常组织试验人员学习安全方面的法规和学习材料，每月检查安全制度执行情况。

附录 J 样品管理制度

1. 检验样品设专人保管。

2. 样品到达后,由专人核对抽样单并检查样品的外观与质量,确认完好无误后编号保管。

3. 样品室的环境条件和器具保管均应符合样品保管的要求。

4. 样品室对检验样品应分门别类存放整齐。

5. 样品的留取、存放时间应符合相关标准规定。

6. 样品室的样品应做到账、卡、物三相符。

7. 领取或处理样品应办理手续,处理人应签字。

8. 检测不合格的样品也应出具不合格报告,并单独归档存放,并附不合格原材料、结构物的处理说明或整改报告。不合格样品应留存至不合格原材料、结构物整改完毕。

附录 K　试验室管理工作制度

1. 贯彻执行上级决议指示，贯彻执行国家有关公路工程方面的技术标准、技术规范和试验规程，全面完成投标范围内的或业主指定的试验任务，服从总监办的工作管理。坚持"守法、诚信、公正、科学"的原则，高效、独立自主地开展试验检测业务，维护建设单位的利益和承包人的合法权益。

2. 试验室内保持卫生清洁，室内不准吸烟，不得喧哗。

3. 严禁将与试验无关的易燃、易爆、有剧毒等的物品带入试验室。

4. 试验室严禁无关人员进入。

5. 试验室人员持证上岗，严格按试验规程及实施细则操作，对人为违反操作规程而损坏仪器者追究其相应的责任。

6. 定期对仪器设备进行擦拭、保养、维修，保证仪器设备处于良好的工作状态。

7. 加强安全教育，提高对各种危险因素的认识，做到防患于未然。

8. 加强对水、电的管理，做到节约用水、安全用电。

9. 离开办公室时应切断电源、水源，关好门窗，保证安全。

附录 L　化学品管理制度

1.遵循既有利于使用,又保证安全的原则,管好用好化学药品,加强安全教育。

2.化学药品必须根据化学性质分类存放,统一管理;化学药品保管室要清凉、通风、干燥、有防火防盗措施。禁止吸烟和使用明火;有火源时必须有人看守。

3.药品存放要由专人管理、领用,存放要建台账,所有药品必须有明显的标志;对字迹不清晰的标签要及时更换,对过期失效和没有标签的药品不准使用,并要进行妥善处理。

4.药品购进后,及时验收、记账,使用后及时销账,掌握药品的消耗和库存数量;不外借药品,特殊需要借药品时,必须经领导批准签字。

5.危险药品都要严加密封,并定期检查密封情况,高温、潮湿季节尤应注意。

6.对剧毒、强腐蚀、易燃易爆药品,要根据检测量具体领用,并要定期清点。用后剩余部分应随时存入柜。

7.用不上的危险药品,应及时调出,变质失效的要及时销毁,销毁时要注意安全,不得污染环境。

附录 M 外检室管理制度

1. 现场检测仪器出入库必须经主任批准,由设备管理员进行检查并登记。
2. 现场检测仪器必须分类摆放,且由设备管理员定期保养。
3. 必须按操作规程进行试验,杜绝检测安全事故和质量事故发生,应特别预防漏电伤害。
4. 在开展试验前,必须对仪器设备进行检查,看各部件是否正常运转,是否漏电。如有异常,应派专人进行维修。
5. 检测完毕后,必须清洗检测仪器,按仪器保养要求进行保养,并填写原始记录。
6. 认真记录原始数据。

附录 N　样品室管理制度

1. 样品室应有适宜的样品贮存场所。样品及样品管理由样品管理员负责,由管理人员放置于"未试"区域,分类堆放整齐,标识清楚。

2. 样品贮存环境应安全、无腐蚀、清洁干燥且通风良好。

3. 对要求在特定环境条件下贮存的样品,应严格控制环境条件,样品管理员应定期对环境条件加以记录。

5. 样品管理员按照相关要求保证样品的完好性、完整性。

6. 试验完毕后,检测人员应对水泥、沥青及其他按标准规定必须留样的样品进行留样,填写《样品登记表》,留样期不得短于报告申诉期,留样期按检测标准或国家相关规定执行。

7. 在留样期满后,应及时处理试毕样品。

附录O 化学室管理制度

1. 每日应对本室的仪器、试剂、水、电等进行检查,如有异常应立即采取措施。
2. 试验仪器、试剂放置要合理、有序,试验台面要清洁、整齐。
3. 试验前后均应洗手,以免沾污仪器试剂或将有害物质带出试验室。
4. 试验人员在试验前应熟悉每项试验操作程序,做到有条不紊。
5. 对有毒、易燃、腐蚀性药品应严格保管,小心使用,谢绝无关人员进入本室。
6. 凡装过强腐蚀性、易爆或有毒药品的容器,应由操作者及时洗净。
7. 操作者应掌握基本的防火、防爆、防毒知识及必要的自救常识(特别要注意化学烧伤,一般可立即用大量冷水冲洗,再涂上适当药品)。
8. 试验结束,应将工作台面及时整理,一切仪器、药品、工具要放回原处。有害废物及废液要妥善处理。
9. 每天下班前要检查水、电、门、窗等设施,做好安全防范工作。

附录 P 土工室管理制度

1. 每日应对本室的仪器设备、工具、水、电进行检查,如有异常情况,应立即采取处理措施。

2. 试验人员应对所使用仪器设备的性能完全了解,做好使用记录。

3. 试验人员在操作前应熟悉该项试验的操作步骤及注意事项,应避免一边试验一边查阅操作规程。

4. 土工击实应在专用的击实台上进行,筛分试验应注意筛孔尺寸,应根据材料用途确定方孔或圆孔。

5. 使用天平称量或进行细料筛分等试验时,应避免吹风,必要时应关门窗及电风扇,以免造成称量不准或细颗粒损失。

6. 在操作过程,如发现仪器异常,应立即关机,并查明原因。

7. 试验完毕,应将所使用的仪器擦干净,配件放回原处,较精密的仪器应放入柜内或罩上防尘罩,试验废料当日清理。

8. 离开土工室前,应检查门、窗、水、电等,做好安全防范工作。

附录 Q　集料室管理制度

1.每日应对本室的仪器设备、电等进行检查,如有异常情况应立即采取措施。

2.试验人员应对所使用的仪器设备完全了解,做好使用记录。

3.试验人员在操作前应熟悉该项试验的操作步骤及注意事项。

4.使用天平称量或进行细料筛分等的试验时,应避免吹风,必要时应关门窗及电风扇,以免造成称量不准或细颗粒损失。

5.试验完毕,应将所使用的仪器擦干净,试验废料当日清理。

附录 R 水泥室管理制度

1. 每日应对本室的所有仪器、配件、水、电等进行检查,如有异常应立即采取措施。
2. 试验人员应对所使用的仪器及配件性能完全了解,做好使用记录。
3. 试验人员在试验前应熟悉每项试验的操作程序,严禁在试验过程中查阅操作规程。
4. 试验室温度、相对湿度应该符合规范的要求,试样、试模及水的温度应与室温相同。试验时应记录室温。试验室一般不宜通风。
5. 在操作过程,如发现仪器异常,应立即关机,并查明原因。
6. 试验完毕,应将所使用的仪器、配件擦洗干净,放回原处,无用的试验废料应于当日清理完毕。
7. 定期保养仪器,保持室内清洁,应注意计量仪器的检定期限。
8. 离开水泥室前,应检查门、窗、水、电等,做好安全防范工作。

附录 S　力学室管理制度

1. 每日应对本室的仪器设备、工具箱、水、电等检查一遍,如有异常,应立即采取措施。

2. 试验人员应对所使用的仪器设备性能完全了解,包括配套的仪器及配件如何正确使用,试验机、万能机应尽可能在其量程的 20%~80% 内操作。

3. 试验人员在试验前应熟悉每项试验的操作程序,避免在试验过程中查阅操作规程。

4. 在操作过程应集中注意力,如发现仪器异常,应立即关机并切断电源,查明原因。

5. 万能机使用完毕,应做好使用记录,清理压板上的残留物,使机器恢复原状。

6. 仪器设备定期保养,压力机定期检定。

7. 试验配件等使用完应擦干净后放回原处,无用试验废料应于当日清理完毕。

8. 离开力学室前,应检查所有门、窗、水、电等,做好安全防范工作。

附录 T　标准养护室管理制度

1. 本室由专人负责记录每日的温度、湿度及使用仪器,保证室内符合规定的温度和湿度。其他人员不得擅自开启温、湿度控制装置或改变已有设置。

2. 送、取样品时,应注意随手关门,试件摆放应有规律,不许随意堆放,不得将试件叠放在一起。

3. 每个试件都应标有号码及成型日期,取样前必须认真核对号码和日期,避免出错。

4. 如发现温、湿度出现异常,应立即采取措施,并做好记录。

5. 试验人员在本室的停留时间不宜过长,特别是与外界温差较大时,易引起身体不适。

6. 无关人员不准进入本室。

附录 U　沥青室管理制度

1. 每日应对本室的仪器设备、水、电、气进行检查,如有异常情况,应立即采取措施。
2. 试验人员对所使用的仪器设备性能完全了解,并做好仪器设备的使用记录。
3. 试验人员在操作前应熟悉该项试验的操作步骤及注意事项。
4. 操作人员需穿工作服,进行沥青或沥青混合料加热拌和及抽提等试验时,应注意通风、排气,减少有害气体对操作人员的损害。
5. 注意防火、防毒,有用的三氯乙烯要妥善保管,用过的三氯乙烯废液应回收或按照有关环保规定处理,不得乱倒,灭火器应放在醒目位置。
6. 在操作过程中,如发现仪器异常,应立即关机并查明原因。
7. 试验完毕应将仪器擦干净,仪器上不得留有残余沥青,试模、工具擦干净后放回原处,无用的试验废料当日处理。
8. 离开沥青室前应检查门、窗、水、电、气等,做好安全防范工作。

参考文献

[1] 陈晓明,陈桂萍.建筑材料[M].北京:人民交通出版社,2019.
[2] 李崇智,周文娟,王林.建筑材料[M].北京:清华大学出版社,2014.
[3] 汪菲.工程材料[M].北京:高等教育出版社,2003.
[4] 侯云芬.胶凝材料[M].北京:中国电力出版社,2012.
[5] 李文钊.建筑材料[M].北京:中国建材工业出版社,2004.
[6] 钱觉时.建筑材料学[M].武汉:武汉理工大学出版社,2007.
[7] 苏达根.土木工程材料[M].北京:高等教育出版社,2005.
[8] 王世芳.建筑材料[M].武汉:武汉大学出版社,2006.
[9] 宋岩丽.建筑与装饰材料[M].北京:中国建筑工业出版社,2005.